KB220891

새 먹이 도감

STAFF

기획·편집 : POMP LAB.
구성 : 다치바나 리쓰코(POMP LAB.)
북디자인 : 간스이 쿠미코
일러스트 : 마쓰오카 리키
편집 협력 : 데즈카 요시코(POMP LAB.), 오자와 미키

TORI NO TABEMONO & TORIKATA · TABEKATA ZUKAN

새 먹이 도감

한눈에 알아보는
새의 몸 구조·식성·소화·사냥법·
먹이 활동 탐조 가이드

POMP LAB. 편저 | 고미야 데루유키 감수 | 이진원 옮김

보누스

어미새와

참새

새끼새의 식사 시간

→ 39쪽

검은딱새

동박새

제비

긴꼬리딱새

쇠제비갈매기

호사도요

장다리물떼새

때까치

호반새

벌매

쇠물닭

프롤로그

새의 큰 특징이라면, 무엇보다도 날개가 있어 하늘을 날 수 있고 부리가 있다는 점이다. 그래서 그림 실력이 뛰어나지 않더라도 날개와 부리만 그리면 대체로 새 그림을 알아볼 것이다. 하늘을 날기 위해 앞다리가 날개로 변한 새는 상당히 특수한 진화를 이루었다. 먹이를 먹으면 신속하게 소화하고, 그때그때 수시로 배설한다. 또한 새끼를 알로 낳는 것 역시 하늘을 날기 위해 몸을 가능한 한 가볍게 만들기 위함이다.

하늘을 날면서 생존권을 확장한 새는 땅에서 살아남기 위해 더 많은 변화를 거듭했다. 새들의 다양한 형태는 그 조상들이 이동한 땅에서 각 개체가 획득한 '생존 전략'의 결정체라 할 수 있다.

그중에서도 가장 흥미로운 점은 먹이와 관련된 전략이다. 특히 새들이 먹이 활동을 할 때 느껴지는 긴장감과 예상을 뛰어넘는 몸짓은 두 번, 세 번 계속해서 보게 만든다.

이 책에는 새들이 가장 빛을 발하는 순간인 먹이 활동의 모습을 담았다. 신기하고 섬세한 먹이 활동의 세계를 마음껏 즐겨보길 바란다.

차 례

새 먹이의 비밀을 엿보는 첫걸음
알면 알수록 더 알고 싶은 새와 먹이에 관한 기초 지식

새의 신기한 먹이 활동과 사냥 기술을 파헤친다
새 먹이 도감

일러두기

본문에 등장하는 새의 학명, 영명, 분류체계는 국립생물자원관과 국가생물종지식정보시스템
에 등재된 것을 따랐습니다.

새 먹이의 비밀을 엿보는 첫걸음

알면 알수록 더 알고 싶은

새와 먹이에 관한

- - - - - - - - - - - - - - -

기초 지식

- - - - - - - - - - - - - -

새의 먹이는 새의 종류, 계절, 상황에 따라 다르다. 여기서는 새의 식성, 소화 구조, 서식지, 이동 등에 따라 달라지는 새 먹이에 관한 내용을 살펴본다.

새는 무엇을 먹을까?

식물성, 동물성 그리고 미생물도

새는 거의 매일 볼 수 있는 친숙한 생물이지만 그 생태에 관해서는 아직 알려지지 않은 것이 많다. 먹이 역시 그렇다. 새들을 잘 관찰하면 주로 먹는 먹이가 식물성인지, 동물성인지 정도는 알 수 있다. 하지만 무언가 열심히 쪼아 먹고 있는데, 잘 보이지 않아 정확하게 알 수 없는 경우도 많다.

최근에 베일에 싸인 새의 먹이를 연구하기 위해 새의 배설물을 수집해 환경 DNA를 조사했다. 그 결과, 새로운 사실들이 밝혀졌다. 그중 하나가 소형 도요류의 먹이다. 도요새가 갯벌에서 열심히 쪼고 있는 것은 바로 지표면에 붙어 있는 아주 작은 해조류나 박테리아 또는 그 분비물이 만드는 미생물막이었다. 이 밖에도 초식성인 오리가 깔따구를 먹는다는 사실도 밝혀졌다.

수서식물을 중심으로 물고기도 섭취한다.
초식성 경향이 강한 잡식성.

물닭

먹고 있는 그건… 미생물막?

좀도요

동물의 식성은 일반적으로 초식성, 육식성, 잡식성으로 구분해 말할 수 있다. 그런데 새는 그 유형을 명확하게 분류하기가 쉽지 않다. 여기서는 그 이유에 대해 알아보도록 한다.

계절과 상황에 따라 먹이가 달라진다

새의 먹이는 크게 식물성과 동물성으로 나눌 수 있다. 식물성 먹이는 씨앗이나 잎, 나무 열매, 꽃꿀, 수액 등이다. 동물성 먹이는 곤충, 지렁이, 물고기, 조개, 새우, 게, 오징어, 플랑크톤, 양서류 등이며 소형이나 중형 새들은 파충류나 조류, 포유류도 섭취한다.

무엇을 어떻게 먹는가는 새의 종류에 따라 다르지만, 조류는 포유류처럼 육식, 초식, 잡식으로 유형을 구분하기에는 다소 미묘한 점이 있다. 주로 식물성 먹이를 먹는 새라도 새끼를 기르는 시기에는 영양가 높은 고단백질 중심의 동물성 먹이를 먹기 때문이다.

이 밖에도 서식지에는 없기 때문에 먹지 않을 것이라고 생각했던 먹이를 먹기도 한다. 아래 오른쪽 사진은 아프리카펭귄이 이제 막 이소한 어린 참새를 잡아먹고 있는 모습이다.

벌레가 감소하는 계절에는 식물을 주로 먹는다.

참새

주로 물고기를 먹지만 어린 참새가
수면 위에 떨어지자 바로 입에 물었다.

아프리카펭귄

새 몸의 소화 구조

새의 특별한 소화기관

이빨이 있는 동물은 입안에서 음식을 잘게 부수어 위의 소화를 돕는다. 반면에 이빨이 없는 새는 모든 먹이를 씹지 않고 통째로 삼킨다. 과연 제대로 소화를 시킬 수 있을까? 하고 걱정되겠지만, 사실 새들은 특수한 기관에서 음식을 소화시킨다.

새가 통째로 삼킨 먹이는 우선 식도를 지나 '소낭'이라는 기관으로 들어간다. 식도의 일부가 늘어나 생긴 이 기관은 일시적으로 음식을 저장하고 부드럽게 만들어 소화를 돕는 역할을 한다. 삼킨 먹이는 여기에서 다시 '선위'로 이동한다. '전위'라고 부르기도 하는 선위의 내벽에는 많은 소화샘이 있어 소화효소와 산성 물질을 분비한다. 음식물은 이 강한 산성 위액을 만나 화학적 소화 과정을 거치게 된다. 그리고 모래주머니(근위)로 이동한다. 모래주머니는 위의 일부분으로 단단하고 두꺼운 근육질의 벽으로 구성되어 있다. 딱딱한 씨앗이나 딱정벌레, 조개 등을 먹는 새들은 미리 작은 돌멩이(위석)나 모래 등을 삼켜 모래주머니에 저장한다. 그러면 이 돌과 모래가 위 안에서 음식물과 뒤섞여 음식물을 잘게 부수는 역할을 한다.

소화하기 어려운 동물 뼈와 털 등은 덩어리로 뭉쳐지는데, 이것을 '펠릿'이라고 한다. 새는 시간이 지나면 부리 밖으로 펠릿을 토해낸다.

큰부리제비갈매기

"잘 씹어서 먹어야 한다.", "꼭꼭 씹지 않으면 소화가 안 된다."라는 말을 듣고 자란 사람 입장에서 보면 음식을 통째로 삼키는 새의 소화 과정은 수수께끼일 수밖에 없다. 도대체 새의 소화기관은 어떤 구조로 되어 있는 것일까?

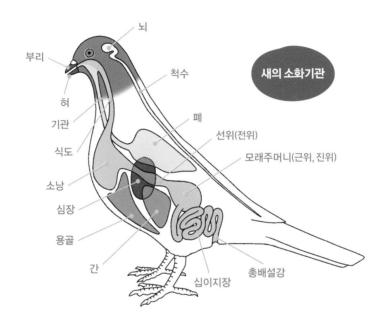

새의 소화기관

뇌
부리
척수
혀
기관
폐
식도
선위(전위)
모래주머니(근위, 진위)
소낭
심장
용골
간
십이지장
총배설강

한편 새들은 소화가 되지 않는 씨앗 껍데기나 털, 뼈 등을 펠릿으로 토해내는데, 그때 위석을 함께 입 밖으로 토해낸다.

소낭은 씨앗을 먹는 새에게 더욱 발달했다. 비둘기류는 암컷과 수컷 모두 소낭에서 '피존 밀크(Pigeon Milk)'라고 부르는 두유 형태의 액체를 분비한다. 그리고 새끼에게 이것을 먹인다. 또한 모래주머니는 우리에게 '닭똥집'으로 잘 알려진 친숙한 부위다. 모래주머니의 바깥쪽은 두꺼운 근육층이고, 내벽은 케라틴질의 튼튼한 막으로 덮여 있다. 사실 조류뿐 아니라 곤충과 어류, 지렁이 등에서도 보이는 소화기관이다.

새의 종류와 먹이의 관계

새의 분류 방법

같은 종류의 생물을 일정 기준에 근거하여 정리하고, 전체를 몇 개의 부류로 나누는 것을 '분류'라고 한다. 생물을 분류하는 것이 목적인 분류학에서는 '유연관계가 가까운 것'을 기준으로 종을 나누는 분류를 지향한다. 여기서 '유연관계'란 발생 계통 가운데 어느 정도 가까운가를 나타내는 관계를 말한다. 그리고 '가까운 유연을 무엇으로 측정할 것인가?' 하는 부분이 가장 중요한 핵심이 된다. 이것으로 분류된 종의 구성 개체가 달라지기 때문이다.

조류의 분류에서도 유연관계가 얼마나 가까운지 추정하는 기준의 정밀도가 올라가면서 같은 그룹의 개체가 계속 재검토되고 있다.

《일본 조류목록 개정 제7판》(2012년)에서는 연구 관계자들도 놀랄 만큼 종의 구분이 크게 바뀌었다. 그 배경에는 디지털카메라 기술의 발전과 일반 보급, DNA 해석 기술의 큰 진보 등이 있었다. 몸을 만드는 단백질의 조성이나 유전자 배열의 유사성과 같은 DNA 해석을 통한 추측이 한층 더 나아가면, 새로운 관계성과 신선한 종이 또 출현할지도 모른다.

그렇다면 DNA 해석이라는 획기적인 잣대의 등장 이전에는 어떻게 유연관계를 추측했을까? 크게는 골격과 근육의 구조 등 기본적인 몸의 구조와 관련된 특징이 유사한가를 살폈다. 이 골격 구조에

제비 발을 보면 차이를 알 수 있다.

예로부터 조류를 분류하는 주요 기준은 형태였다. 진화상 관계가 가깝다고 유추되는 새들은 좋아하는 먹이도 비슷할까? 아니면 반대의 경향을 보일까?

기초한 분류에서는 발가락 위치, 콧구멍의 개구, 입천장뼈(구개골)의 모양, 흉골의 형태 등이 기준이 되었다.

반대로 기준이 될 수 없는 요소도 있다. 날개의 색깔이나 부리가 그 예다. 왜냐하면 이 요소들은 생활환경에 쉽게 영향을 받는 특징이 있기 때문이다. 아래 사진 속 제비와 쇠칼새는 먹이 활동 방법이나 부리 모양 등이 매우 비슷하다. 하지만 골격 구조의 유사성 기준이 되는 발가락의 위치를 보면, 제비는 첫째 발가락이 뒤를 향하고, 둘째에서 넷째 발가락은 앞을 향해 있는 삼전지족(Anisodactyl)이다. 반면에 쇠칼새는 개전지족(Pamprodactyl)으로 다른 특징을 보인다.

수렴진화라고 해서 같은 종이 아니어도 식성과 생활환경이 비슷하여 외형까지 닮게 되는 새들도 있다. 반대로 분류상으로는 같은 종이지만 식성이나 생김새가 유사하지 않은 새도 있다.

근연종으로 여겨지는 개체인데도 그다지 닮지 않은 경우는 서로 경쟁하지 않기 위해 다른 먹이를 선택했기 때문일 수도 있다. 또는 서로 선택한 먹이에 따라 먹기 쉬운 형태로 부리를 변화시킨 결과일지도 모른다.

쇠칼새

개전지족은 벼랑에 매달려 머물기 쉬운 형태다.

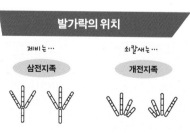

발가락의 위치

제비는 …

삼전지족

쇠칼새는 …

개전지족

새의 생김새와 먹이의 관계

먹이를 잡기 위해 필요한 것

새의 부리는 다른 동물의 입과 마찬가지로 음식을 먹기 위한 기관이다. 다만 새의 앞발이 비행을 위한 날개로 진화했기 때문에 부리는 다른 동물의 앞발처럼 먹이를 찾고, 잡는 역할을 담당한다.

식물성 먹이라면 부리만 이용해 쉽게 잡아먹을 수 있지만 살아 움직이는 동물성 먹이라면 부리만으로는 쉽지 않다.

맹금류가 날카로운 발톱이 달린 발가락을 가진 것은 만만치 않은 먹잇감을 잡기 위해 몸을 진화시킨 결과다. 딱따구리류의 발가락은 나무를 단단히 잡을 수 있는 형태를 띠고 있으며, 물새는 능숙하게 수영할 수 있도록 물갈퀴와 지느러미를 가지고 있다. 반대로 먹이 활동을 할 때 발을 잘 사용하지 않는 새들은 발이 작아졌다.

새의 날개도 먹이를 가능한 한 확실하게 잡을 목적으로 변화했다. 공중에서 날쌘 속도로 먹잇감을 따라잡거나 먹잇감이 도망치지 못하도록 하는 데 효과적인 날개와 물속에서도 자유롭게 헤엄칠 수 있는 날개처럼 먹이 활동에 따라 형태가 바뀌었다.

민물가마우지

민물가마우지는 부리 끝이 갈고리 모양으로 뾰족해서 물속에서 물고기를 쉽게 잡아챈다.

도구를 사용하거나 분업을 하여 문명을 축적해온 인간과 달리 새는 살기 위해 자신의 몸과 기능을 발전시켰다. 오늘날 새들에게서 볼 수 있는 그 진화의 발자취를 살펴보자.

부리의 형태와 기능

새는 날개가 있어 전 세계 모든 환경에서 살 수 있다. 그래서 제각각 다양한 먹이를 발견하고, 먹이 활동을 할 수 있다.

새의 부리는 자주 먹는 먹이를 잘 잡을 수 있는 형태로, 그리고 먹이를 먹기에 편리한 형태로 변화했다. 먹이 종류에 맞춰 부리의 모양도 다양하게 발달한 것이다.

아래는 새의 부리 모양과 그 새가 자주 잡아먹는 먹이를 설명한다. 그리고 먹이를 잡는 방법 및 먹는 방법에 관해서도 간단히 소개한다.

주로 동물성 먹이를 먹는다

검독수리
갈고리 모양의 날카로운 부리로 고기를 찢거나 뜯어 먹는다.

쇠백로
뾰족한 핀셋 모양의 가늘고 긴 부리로 움직임이 빠른 물고기를 공격한다.

제비
빠른 속도로 날면서 부리를 크게 벌리고 공중에 있는 곤충을 잡아먹는다.

주로 식물성 먹이를 먹는다

방울새
부리가 굵고 짧아 열매 씨앗을 부수거나 나무 열매의 딱딱한 껍데기를 깨는 데 적합하다.

넓적부리
수면에 떠 있는 플랑크톤 등의 먹이를 물과 함께 입에 넣은 후 먹이만 남기고 물은 배출한다.

녹색비둘기
주로 식물의 열매나 씨앗을 먹는다. 나뭇가지 위에서 먹이를 찾거나 땅에 떨어진 먹이를 주워 먹기도 한다,

발과 발가락의 형태와 기능

동물에게 다리와 발은 주로 이동하기 위해 필요한 기관이다. 그러나 새의 다리와 발은 중요한 목적에 적합하도록 형태가 변화하여 다음과 같이 매우 폭넓은 역할을 한다.

- 탐색 ··· 낙엽과 흙을 헤치고 풀의 뿌리나 씨앗, 먹잇감을 찾는다.
- 발차기 ··· 땅 위나 공중에서 사냥감이나 적을 차서 쓰러뜨린다.
- 운반 ··· 물수리는 먹이와 둥지 재료 등을 발로 꽉 잡아 운반한다. 긴부리유황앵무는 손으로 먹이를 잡아 입으로 가져간다.
- 잡고 머물기 ··· 쇠딱따구리는 발로 나무를 꽉 잡고 머문다.
- 헤엄치기, 잠수하기 ··· 청둥오리는 헤엄치고 잠수를 한다.
- 몸 긁기 ··· 깃털을 고른다.
- 파내기 ··· 물총새는 둥지 구멍을 파고 거기에서 나온 흙을 운반한다.

긴부리유황앵무

물수리

쇠딱따구리

청둥오리

날개의 형태와 기능

새는 하늘을 날기 위해 앞발이 날개로 진화했다. 새의 날개는 하늘을 나는 것 외에도 나뭇가지에 머물거나 먹잇감을 제압하고, 몸의 균형을 잡는 중요한 기능을 담당한다.

날개는 부리와 다리, 발과 마찬가지로 새의 생태에 적합한 형태로 변화했다. 물속에 잘 가라앉거나 헤엄치는 데 편리한 날개, 길이가 짧고 날갯짓하기 쉬운 날개, 가늘고 길어 활공 성능이 좋은 날개 등으로 각기 새의 먹이 활동에 도움을 주는 형태가 되었다.

혀의 형태와 기능

새는 이빨이 없지만 혀가 있다. 하지만 소리 내어 울 때는 혀가 아닌 울대를 이용해 지저귄다. 혀는 먹이를 잡거나 먹을 때 사용한다. 꽃꿀을 주식으로 하는 벌새류는 부리 길이의 두 배가 되는 긴 붓 모양의 혀를 사용해 꿀을 흡수한다. 마찬가지로 딱따구리류도 혀를 매우 길게 늘여 나무줄기 속에 있는 벌레를 잡을 수 있다. → 74쪽 참고

초록관밝은벌새

새 혀의 형태

혀 끝이 붓 모양 형태로 되어 있다.

혀 끝이 화살촉 형태로 되어 있다.

새의 서식지는 먹이가 있는 장소!

우리나라에 서식하는 새들

우리나라는 지리적으로 중위도 온대성 기후대에 위치하고 있어 사계절이 뚜렷하다. 그래서 계절에 따라 다양한 새를 관찰할 수 있다. 우리나라 땅의 약 70%는 산지로 이루어져 있고, 삼면이 바다와 닿아 있어 수많은 바닷새와 물새의 서식지가 되고 있다. 뿐만 아니라 유네스코 세계유산 중 자연유산으로 지정된 우리나라의 갯벌은 멸종 위기종인 '철새의 이동 핵심 기착지'로 인정받았다. 지구상에 약 1만 종이나 되는 새 중에 현재 우리나라 전역에 출현하는 새는 약 573종으로 알려져 있다. 계절마다 우리나라를 방문하는 새들이 다르기 때문에 잘 보전된 서식지에 찾아가서 새를 찾아보고, 관찰하는 일은 더욱 뜻깊다.

※ 저지: 완만한 언덕이 이어지는 구릉지가 깎여서 생긴 작은 골짜기 모양의 지형을 말한다.

새들은 날아서 이동할 수 있기 때문에 굳이 같은 장소에 머물 필요가 없다. 다시 말해 새가 있다는 것은 그곳에 먹이가 있음을 뜻한다.

해발고도에 따른 식생과 새의 서식지

해발고도(m)	식생(서식하는 식물)	새의 서식지
고산대 **2,500m**	고산 식물	`설산` 뇌조 `바위산` 바위종다리 `눈잣나무 군락` 잣까마귀
아고산대 **1,700m**	침엽수림	`산림` 유리딱새, 멧쟁이새, 벙어리뻐꾸기, 매사촌, 솔새, 검은멧새 `절벽` 검독수리 `아고산대 초원` 칼새, 힝둥새, 상모솔새
산지대 **700m**	침활 혼효림 낙엽 활엽수림 (하록수림)	`산림` 뿔매, 올빼미, 오색딱따구리, 검은지빠귀, 들꿩, 긴꼬리딱새, 호반새, 큰유리새, 굴뚝새, 사할린되솔새, 황금새, 녹색비둘기, 할미새사촌, 북방쇠박새, 흰눈썹지빠귀, 어치, 쇠유리새 `숲속·초원` 뻐꾸기, 검은딱새, 큰꺅도요 `강(상류~중류)` 물까마귀, 노랑할미새, 뿔호반새
저산대 **0m**		`상록 활엽수림(조엽수림)` 청딱따구리, 곤줄박이, 오키나와딱따구리, 오목눈이, 큰부리밀화부리 `구릉지` 참매, 왕새매, 말똥가리, 두견이, 휘파람새, 자고새, 멧새, 붉은뺨멧새 `저지` 송골매 `임야·농경지` 때까치 `산의 호수·연못` 청둥오리 `강(중류), 하천부지` 검은등할미새, 물총새, 뻐꾸기
저지대		`평지·산자락 숲` 솔부엉이, 딱새 `시골·논밭` 제비, 흰목물떼새, 물까치, 종다리, 찌르레기, 꿩, 방울새, 왜가리, 쇠뜸부기사촌, 참새, 멧비둘기, 검은머리방울새, 개똥지빠귀, 흰뺨검둥오리 `시가지(공원 등 녹지)` 박새, 동박새, 직박구리 `시가지(도심)` 큰부리까마귀, 집비둘기, 참새 `호수·늪, 습지` 쇠백로, 덤불해오라기, 물닭, 논병아리, 대백로, 민물가마우지 `강(중류~하류)` 백할미새, 꼬마물떼새, 개개비, 개개비사촌
	바다	`암초가 있는 해안(갯바위)` 바다직박구리, 흑로, 괭이갈매기, 가마우지, 물수리 `모래와 진흙이 섞인 사니질 해안(갯벌)` 왜가리, 흰목물떼새, 깝작도요, 바다직박구리, 논병아리, 흰뺨검둥오리, 민물가마우지, 흰물떼새, 큰뒷부리도요, 노랑발도요, 꼬까도요, 뒷부리도요, 넓적부리도요, 솔개, 큰부리까마귀, 송장까마귀, 쇠제비갈매기

산지 · 숲

우리나라는 국토 대부분이
산지로 이루어져 있다. 특히
국내에서는 유일하게 설악산
대청봉 지역에 눈잣나무 집
단이 넓게 분포해 있다. 남부
지방과 도서 지방 일부에는
상록 활엽수림 등이 분포하

잣까마귀

빛이 잘 들지 않는 숲에 서식하며 풀과 나무의 씨앗 또는
곤충 등을 먹는다.

고 그 외에 아고산대 침엽수림, 낙엽 활엽수림 등 산지의 환경이 정말 다
채롭다. 그래서 볼 수 있는 새도 다양하다. 남쪽 나라에서 돌아와 번식하
는 여름새, 북쪽 나라에서 월동하기 위해 오는 겨울새 등 그 수와 종류도
매우 풍부하다.

평지·초원

우리나라는 대체로 산지가
많고 인구 밀도가 높기 때문
에 광활한 초원은 드물다. 하
지만 농경지와 목장, 공원, 비
행장 등을 초원과 같은 환경
으로 이용하는 새는 그곳에
서 먹이 활동을 하고 새끼를

개개비사촌

주로 초원과 농경지에서 곤충이나 거미를 잡아먹는다.

키우기도 한다. 물론 이런 새나 쥐를 노리는 매도 찾아온다. 또한 굳이 사
람이 사는 곳 주변을 서식지로 선택하는 새도 있다.

강·호수

물이 맑은 계곡, 물살이 완만한 하천, 강변과 모래톱이 발달한 강의 하류는 다양한 생태환경을 만든다. 강 주변의 논과 갯벌 등지는 철새와 왜가리류의 먹이터가 되고, 연못은 오리의 휴식처가 된

개개비

저수지 주변 갈대숲에 둥지를 트는 여름새로 곤충 등을 먹는다.

다. 저수지와 호수는 고니 같은 여러 새에게 다시 이동할 때까지 서식할 수 있는 삶의 터전을 제공한다.

해안·바다

우리나라는 삼면이 바다
와 닿아 있어 수많은 바닷새
와 물새의 서식지가 되고 있
다. 그리고 간조에 나타나는
갯벌에는 갯지렁이 같은 연
체동물, 게나 새우 등의 갑각
류나 절지동물 등 다양한 생

바다직박구리

주로 해안 바위 절벽에서 갯강구나 지네 등을 잡아먹는다.

물이 모습을 드러낸다. 갯벌은 철새의 유일한 먹이 공급처이며 왜가리,
백로, 가마우지 등 다양한 새들의 서식지가 된다. 이 새들은 갯벌의 생물
을 잡기 위한 적합한 부리와 바다를 날아다니는 데 편리한 긴 날개를 가
졌다.

새의 이동과 먹이의 관계

여름새는 육식성, 겨울새는 초식성이 많다?

철새는 그 종류가 많은 만큼 섭취하는 먹이도 매우 다양하다. 철새들의 공통점이라면, 당연하겠지만 계절에 따라 그 지역에서 잡을 수 있는 먹이를 섭취한다는 점이다. 반대로 말하면 먹을 것이 있기 때문에 찾아온다는 뜻으로, 먹을 것이 없으면 왔다가도 곧 다른 장소로 이동하기도 한다.

한편 우리나라를 찾아오는 철새는 계절과 목적 등에 따라 크게 다음의 유형으로 나눌 수 있다.

- 여름새 ⋯ 봄에 남쪽에서 날아와 알을 낳고 새끼를 키우고, 날이 추워지면 남쪽으로 다시 내려가 겨울을 보낸다.
- 겨울새 ⋯ 봄에 북쪽 지역에서 알을 낳고 새끼를 키우고, 가을에 내려와 우리나라에서 겨울을 보내고 봄이 되면 다시 떠난다.
- 나그네새 ⋯ 북쪽 지역과 남쪽 지역을 오가는 도중에 잠시 쉬기 위해 우리나라에 머물렀다 떠난다.

이 밖에도 길을 잃거나 기후 변화에 의해 본래 이동경로나 서식지를 벗어난 새를 '미조(迷鳥)'(길 잃은 새)라고 한다. 그리고 계절에 따라 남하하거나 번식을 위해 고지와 평지를 오가는 '떠돌이새'가 있다.

이동 유형에 따라 새들의 먹이에서 한 가지 경향을 엿볼 수 있다. 즉 여름새는 육식성, 겨울새는 초식성인 경우가 많다고 한다.

참새나 까마귀처럼 거의 일 년 내내 같은 장소에 머무는 텃새와 다르게 매년 일정한 계절에 서식지를 이동하는 새를 '철새'라고 한다. 철새가 이동하기 전 머물던 곳에서는 무엇을 먹을까?

고니

동남아시아 등 남쪽에서 이동해 오는 여름새는 원래 곤충을 먹는 종이 많다. 우리나라는 봄부터 여름에 걸쳐 습윤한 기후 환경에서 꽃과 나무, 풀들이 자라고 애벌레와 메뚜기를 비롯한 곤충류가 풍부하다. 그래서 여름새가 일 년 내내 머물며 번식을 하기에 알맞다.

여름새가 아니더라도 많은 새가 번식기에는 새끼의 성장을 돕기 위해 영양가 높은 동물성 먹이를 적극적으로 섭취한다는 사실은 잘 알려져 있다. 이런 점이 여름새가 육식성이라는 인상을 주는 듯하다.

새의 이동과 먹이의 관계

반면 겨울새는 곤충류가 감소하는 가을 이후에 찾아온다. 고니류, 기러기류, 오리류와 같이 초식성으로 알려진 겨울새는 식물의 씨앗이나 나무 열매, 수초와 해초 등을 먹는다. 동물성 먹이를 주로 먹는 오리류는 물고기나 조개류 등을 먹는다.

그렇다면 겨울새는 번식지에서 어떤 먹이를 먹을까? 고니의 경우 주요 번식지가 유라시아 대륙의 북쪽 끝에 위치한 툰드라 지대의 다습한 초원이다. 그래서 벼과나 질경이과의 수초, 사초과의 새싹이나 꽃눈, 고산대에서 볼 수 있는 상록의 작은 관목인 시로미의 열매 등을 먹는다. 그리고 고니의 유조는 부엽성 수초 가래의 새싹이나 뿌리, 플랑크톤, 대량으로 발생하는 갓 우화한 모기 등을 먹는다.

새가 알에서 나왔을 때, 새끼새를 구분하는 용어로 '만성조'와 '조성조'가 있다. 아기 새가 눈도 제대로 뜨지 못하고 핏덩이 상태라면 만성조라고 한다. 만성조는 둥지 안에서 온도와 습도를 유지한 채 어미새의 도움을 받아야 한다. 반면에 어느 정도 발달된 상태로 태어나서 새끼 때부터 혼자 잘 자랄 수 있는 상태를 조성조라고 한다. 조성조는 깃털도 보송보송 나 있고, 바로 걷기 시작해 먹이를 먹기도 한다.

새와 먹이의 먹이사슬

먹이사슬이란 생태계 내에서 생물들 간 먹고 먹히는 관계를 가리킨다. 한 지역에 서식하는 새를 포함해 모든 생물은 모두 이 관계로 이어져 있다. 건전한 먹이사슬의 지표를 알아보자.

풍요로운 환경 지표는?

생태 피라미드는 어떤 생물이 어떤 단계에 있는지를 잘 보여준다. 아래쪽으로 갈수록 생물의 수가 많고 위로 갈수록 줄어들어 피라미드 형태를 띤다. 위쪽은 대부분 육식동물이 차지하고 있지만, 피라미드의 꼭대기에는 검독수리 등의 맹금류가 있으며 이어서 너구리 같은 포유류가 분포한다. 상위에 있는 동물일수록 넓고 풍요로운 환경이 필요하기 때문에 그 존재 자체가 풍요로운 환경을 측정하는 지표가 된다. 하지만 피라미드의 정점에 있는 육식동물도 사후에는 자연의 순환 시스템 안에서 분해자에 의해 분해된다.

▼ 생태 피라미드 ▼

고차 소비자	2~3차 소비자를 먹는 동물 (검독수리, 큰매, 올빼미 등)
3차 소비자	2차 소비자를 먹는 동물 (뱀, 까마귀, 너구리 등)
2차 소비자	1차 소비자를 먹는 동물 (소형 새, 개구리 등)
1차 소비자	생산자가 만들어내는 풀과 열매를 먹는 초식성 동물
생산자	식물
분해자	죽은 식물과 동물의 사체를 분해하는 미생물(박테리아), 토양생물

영양 단계

새와 먹이의 먹이사슬

건강한 먹이사슬을 위해

생태 피라미드의 상위 동물들이 사라지면 그 지역 생태계 유지에 큰 영향을 미친다. 먼저 그들에게 먹혔던 생물이 증가하고, 그 생물의 먹이인 식물들은 소멸한다. 그러면 그 식물과 함께 살았던 생물도 사라지게 되고, 결과적으로 균형을 이루며 연결되어 있던 모든 생물이 살 수 없는 환경이 된다. 건강한 먹이사슬을 위해서는 생물의 종류와 수가 균형을 이루며 안정된 상태를 유지하는 것이 중요하다.

▼ 맹금류가 생태계 정점에 있는 먹이사슬 ▼

맹금류가 새끼를 키울 수 있는 환경은 먹이가 되는 생물이 자라는 풍요로운 자연이다.

참새

어미가 새끼에게 곤충을 먹인다. 어린 새는 둥지를 떠난 후에도 한동안 어미새와 함께 지내며 먹이 활동을 중심으로 다양한 것을 배운다.

검은딱새

깔따구, 파리, 송충이, 메뚜기 등 주로 곤충을 잡아먹는다. 사진 속 새끼새는 어미새에게 먹이를 조르는 중이다.

동박새

작은 곤충이나 꽃꿀을 즐겨 먹는다. 겨울철에는 나무 열매나 식물의 씨앗도 먹지만, 새끼를 키우는 시기에는 곤충을 주로 사냥한다.

제비

모기, 파리, 깔따구, 나방, 나비, 잠자리 등을 먹는다. 새끼를 키우는 동안에는 어미가 하루에도 수백 번 둥지를 오가며 먹이를 나른다.

긴꼬리딱새

주로 공중에서 파리나 벌, 나비 등 날아다니는 곤충류를 잡아먹는다. 수컷이 암컷보다 꽁지깃이 길다.

쇠제비갈매기

풀이나 나무가 없는 탁 트인 장소에서 번식한다. 새끼에게는 주로 물고기를 먹인다. 오징어나 새우 등도 잡아먹는다.

호사도요

조성조이기 때문에 알에서 나오면 바로 걸을 수 있다. 시내 물가에서 수서곤충, 우렁이, 지렁이 등을 잡아먹는다.

장다리물떼새

장다리물떼새도 조성조다. 알을 깨고 나오면 얼마 지나지 않아 스스로 먹이를 잡아먹기도 한다. 사진 속의 어미와 새끼는 함께 먹이를 잡으러 가는 길일까?

때까치

왼쪽 사진은 어미새가 이소한 후 새끼에게 먹이를 주고 있는 모습이다. 오른쪽 사진은 구애급이를 받는 암컷이 새끼새처럼 먹이를 받아먹는 모습이다.

매

주로 비둘기, 직박구리, 찌르레기 등의 조류를 사냥하며 쥐 등도 잡아먹는다. 잡은 먹이를 해안가 낭떠러지에 있는 둥지로 운반한다.

호반새

너도밤나무 등 굵은 나무 기둥에 둥지를 짓고 새끼를 키운다. 먹이로는 개구리 같은 작은 동물을 먹는다.

벌매

땅벌의 유충이나 번데기를 좋아한다. 가을과 겨울에는 곤충이나 작은 새, 개구리 등도 잡아먹는다.

쇠물닭

연못이나 늪, 습지, 논 등 풀이 난 물가에 서식한다. 식물의 잎, 곤충, 조개 등을 즐겨 먹는다.

새의 신기한 먹이 활동과

사냥 기술을 파헤친다

새 먹이

도감

새의 먹이는 곤충, 식물의 씨앗, 나무 열매, 물고기, 작은 동물 등 매우 다양하다. 이제부터 새들의 먹이 사냥 방법과 먹이 활동 현장을 사진과 함께 자세히 알아보자.

순간 포착한 장면 소개

해당 페이지에서 다루는 주제와
주요 내용을 한눈에 알려준다.

새의 먹이와 특징, 사냥 방법, 먹는 방법에 관한
내용을 설명한다. 이 외에도 새에 관한 다양한
이야기를 소개한다.

사진 속 새에 관한 기본 정보를 세세하게 알려준다.

재미를 더하는 코너!

순간 포착!
해당 페이지에서 소개한 새의
먹이 활동 과정을 순간 포착한
사진으로 생동감 있게 확인할
수 있다.

COLUMN
주제와 관련된 새의 생태를 더
욱 깊이 있게 알아보는 코너를
마련했다.

순간 포착 번외
순간 포착 번외편으로 각 장의
주제와 관련한 멋진 풍경을 모
아보았다.

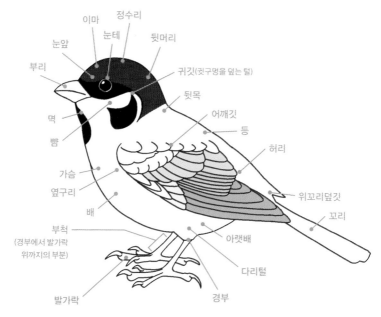

이마
정수리
눈테
눈앞
뒷머리
부리
귀깃(귓구멍을 덮는 털)
뒷목
멱
어깨깃
뺨
등
허리
가슴
옆구리
배
위꼬리덮깃
부척
꼬리
(경부에서 발가락
위까지의 부분)
아랫배
다리털
발가락
경부

* 경부는 사람으로 치면 무릎관절에 해당한다. 사람의 무릎과 허벅지에 해당하는 부위는 깃털에 가려 보이지 않는다. 그리고 부척은 사람으로 치면 발뒤꿈치에서 발바닥에 해당한다. 위의 그림의 새는 사람으로 치면 발가락을 세우고 서 있는 것과 같다.

몸길이

몸길이 재는 방법

부리 끝에서 꼬리까지 잰다. 부리나 꼬리가 긴 새는 전체 몸길이에 비해 몸이 작다는 것을 알 수 있다.

날개편길이

날개편길이 재는 방법

새의 좌우 날개를 펼쳤을 때, 왼쪽 날개의 끝에서 오른쪽 날개 끝까지의 길이를 측정한다. 'W(wingspan)'로 표기하기도 한다.

생태계 먹이사슬 최상위 포식자, 맹금류의 식탁이 궁금하다

뿔매 (매목 수리과)

학명: *Nisaetus nipalensis*
영명: Mountain Hawk-eagle
몸길이: 수컷 약 72cm, 암컷 약 80cm
분포: 유라시아 대륙 남동부, 인도네시아, 스리랑카, 대만, 중국 남서부, 일본에서는 규슈 이북의 삼림에 서식

뿔매는 산지의 숲에서 한 마리 또는 한 쌍이 함께 생활한다. 다소 넓은 지역에 걸쳐 서식지를 만든다.

참수리 (매목 수리과)
학명: *Haliaeetus pelagicus*
영명: Steller's sea-eagle
몸길이: 수컷 약 89cm, 암컷 약 102cm
분포: 러시아 동부, 중국 동북부, 한국, 일본

우리나라에서는 매우 희귀하며 국제적인 보호가
필요한 종이다. 흔하지 않은 겨울새이다.

　맹금류는 육식성 조류의 대표라고 할 수 있다. 일반적으로는 독수리와 매, 송골매, 올빼미 외에 콘도르 무리를 가리킨다. 모두 생태 피라미드 →**37쪽 참고** 에서 고차 소비자에 속한다. 맹금류는 공통적인 특징으로 발달된 눈, 먹이를 잡기 위한 날카로운 발톱, 힘차게 움켜쥐는 발가락, 갈고리 형태로 구부러진 부리를 갖고 있다.

　그러나 같은 맹금류라고 해서 동일한 먹이를 섭취하는 것은 아니다. 일반적으로 맹금류라고 하면 작은 새나 작은 동물을 큰 발로 움켜쥐고 둥지로 가져가는 모습이 떠오르겠지만, 그것은 일부일 뿐이다. 어떤 먹이를 먹느냐는 그 새의 형태나 체격, 서식지 등에 따라 달라진다.

　예컨대 수리과에 속하는 대형 조류인 참수리는 주로 해안에서 큰 발가락을 이용해 물고기를 잡는다. 반면 비둘기보다 작은 매인 조롱이는 작은 새 외에도 곤충을 잡아먹는다. 이렇듯 저마다 습성에 맞는 식생활을 한다.

그중에서도 산기슭 숲에서 번식하는 벌매는 특이하다. 이름에서 알 수 있듯이 주로 땅벌의 벌집을 파내어 그 애벌레와 번데기를 먹고, 새끼에게도 먹인다. →11쪽 참고

'먹이사슬 최강자'라는 이미지에 가장 가까운 새는 아마도 산지 숲에 사는 뿔매가 아닐까. 뿔매는 다람쥐나 날다람쥐, 산토끼, 족제비, 담비 등의 포유류, 뱀, 새 등을 먹는다. 그 밖에 왕새매는 산에서 개구리나 장지뱀 등을 주로 먹고, 해안가에 자주 출몰하는 물수리는 주로 물고기를 먹는다. →50쪽 참고

맹금류가 먹이를 사냥하는 습성은 대체로 ① 동물의 사체를 먹는 부육식 ➡ ② 약한 동물 사냥 ➡ ③ 건강한 동물 사냥과 같은 순서로 발달했을 것으로 추정된다. 뒤로 갈수록 먹잇감을 사냥하는 고도의 기술이 필요하며, 생존을 위해 진화한 몸의 변화도 찾아볼 수 있다.

왕새매는 주로 뱀과 개구리를 먹지만 곤충과 쥐도 먹는다. 월동지로 이동할 때는 매우 큰 무리를 형성한다.

왕새매 (매목 수리과)
학명: *Butastur indicus*
영명: Gray-faced Buzzard eagle
몸길이: 수컷 약 49cm, 암컷 약 51cm
분포: 러시아 극동 지역, 중국 동북부, 한국, 일본
봄가을에 우리나라를 종종 통과하는 나그네새로 농경지와 낮은 산, 구릉지에 서식한다.

소형 새를 잡아먹는 암컷 조롱이의 모습. 도시 근교에서도 작은 숲이 있으면 번식하는 모습을 볼 수도 있다.

조롱이 (매목 수리과)
학명: *Accipiter gularis*
영명: Japanese lesser sparrow hawk
몸길이: 수컷 약 27cm, 암컷 약 30cm
분포: 아시아 동부
우리나라에 흔하지 않은 텃새이자 도서 지역에서는 드물게 이동하는 나그네새다. 주로 평지와 산지의 숲에 서식한다.

콘도르의 몸 구조와 식성의 관계

맹금류의 강력한 무기라면 먹잇감을 꽉 움켜쥘 수 있는 강한 발톱이다. 그 힘은 사자의 무는 힘보다 더 센 것으로 알려져 있다. 그런데 대표적인 맹금류인 콘도르와 독수리는 다른 맹금류보다 발톱과 부리가 무딘 편이다. 또한 머리털이 적다는 특징도 지니고 있다. 동물의 사체에 깊이 고개를 박고 먹이를 먹는 종일수록 이런 경향이 강하다. 이것은 머리 부위에 깃털이 있으면 먹이를 먹을 때마다 깃털이 더러워지고, 그것을 손질하기가 힘들기 때문일 수 있다. 그리고 머리 부위에 깃털이 적으면 피부가 햇볕에 직접 노출되어 살균이 가능하다는 위생상의 장점도 생각할 수 있다.

2014년, 덴마크와 미국이 한 팀을 이뤄 발표한 연구 논문을 통해 콘도르에 관한 흥미로운 사실이 밝혀졌다. 콘도르의 소화기관은 강력한 살균 기능을 지니고 있는데, 다른 동물에게는 치명적일 수 있는 세균에 내성을 지니고 있다는 것이다. 이 역시 부육식을 선택함으로써 신체 기관이 진화한 것이라 할 수 있다.

콘도르과 중에서도 화려한 외모가 돋보이는 왕대머리수리는 멕시코와 아르헨티나에 걸쳐 분포한다. 머리와 목에 깃털이 없고, 발톱은 다른 맹금류에 비하면 매우 무딘 편이다. 후각이 발달해 동물의 사체를 찾아내 먹는다. 부육식을 하는 새가 부패한 사체를 처리하는 것은 감염증의 요인을 먹어 치운다는 측면에서 보면 생태계 내에서는 매우 중요한 역할을 담당하고 있는 것으로 볼 수 있다.

왕대머리수리

맹금류의 기본적인 사냥 방법

검독수리는 멸종위기에 처한 대형 맹금류다. 상공에서 야생 토끼나 새 등의 먹이를 발견하면 급강하하여 사냥한다.

잿빛개구리매는 우리나라 전역에서 볼 수 있는 겨울새다. 근연종인 개구리매는 우리나라에 나그네새로 찾아오며 습지나 늪의 수초 위에 둥지를 짓는다.

검독수리 (매목 수리과)
학명: *Aquila chrysaetos*　　**영명:** Golden Eagle
몸길이: 수컷 약 81cm, 암컷 약 89cm
분포: 아프리카 대륙 북부, 북아메리카 대륙 북부,
　　　　유라시아 대륙
주로 산악 지대에서 번식하지만, 겨울에는 해안이나 평지에도 모습을 볼 수 있다.

잿빛개구리매 (매목 수리과)
학명: *Circus cyaneus*　　**영명:** Hen Harrier
몸길이: 수컷 약 40cm, 암컷 약 55cm
분포: 유라시아 대륙
주로 갈대밭, 습지, 초원 등지에 서식한다.

솔개 (매목 수리과)

학명: *Milvus migrans* **영명:** Black Kite
몸길이: 수컷 약 59cm, 암컷 약 69cm
분포: 유라시아 대륙, 아프리카 대륙, 오스트레일리아
솔개는 과거에는 흔한 나그네새이자 텃새였으나
최근에는 보기 어려운 겨울새가 되었다. 장소를
가리지 않고 어디서나 서식하지만 특히 해안이나 하구
주변에서 많이 관찰된다.

솔개는 해안과 농경지, 호수 주변 또는 시가지에서도 볼 수 있다. 살아 있는 물고기나 뱀도 먹지만, 주로 동물과 물고기의 사체를 먹는다.

맹금류가 어떤 먹이를 어떻게 사냥하는가는 종과 서식지에 따라 달라진다. 다만 사냥의 큰 흐름은 일정하다. 기본적으로 독수리와 매는 날카로운 발톱을 이용해 먹잇감을 잡고, 뾰족한 갈고리 모양의 부리로 먹잇감을 찢어 먹는다. 사냥의 순서는 대체로 다음과 같다.

① **사냥감을 찾는다** … 상공을 활공하거나 정지비행을 하며 먹잇감을 찾는다. 높은 나무나 전봇대 등의 구조물에 앉아 먹잇감을 기다리기도 한다. 48쪽과 49쪽에 있는 사진 속 새들은 먹이를 찾아 활공 중이다.

② **급습한다** … 먹잇감을 발견하는 순간, 도망치지 못하도록 빠르고 빈틈없는 동작으로 접근한다.

③ **포획한다** … 발가락으로 먹잇감의 몸통을 잡고, 날카로운 발톱을 깊이 찔러 넣어 움직이지 못하게 한다. 마지막으로 부리를 이용해 먹잇감의 숨통을 끊는다.

* 활공(soaring): 상승 기류를 이용해 날개를 펼친 채로 날갯짓하지 않고 나는 것.
* 정지비행(hovering): 공중의 한 지점에서 움직임 없이 떠 있는 상태.

물고기를 주식으로 하는 물수리의 특수한 발가락을 살펴보도록 하자. 일반적으로 새의 발은 발가락 세 개가 앞쪽을 향하고 한 개는 뒤를 향하는 삼전지족이다. 하지만 물수리는 앞발의 바깥쪽 발가락 한 개를 뒤로 젖힐 수 있는 가변 대지족이다. 그래서 사냥할 때는 앞뒤로 발가락을 각각 두 개씩 향하게 해 안정적인 집게 형태로 바꾼다. 이것은 맹금류 중 물수리만 가능하다.

매복파 × **활상파**
개체별 먹잇감을 찾는 방법

뿔매(왼쪽)는 높은 곳에서 먹잇감을 기다렸다가 사냥하고, 검독수리(오른쪽)는 상공을 돌아다니며 먹잇감을 찾는다.

물수리 (매목 수리과)
학명: *Pandion haliaetus*
영명: Osprey
몸길이: 수컷 약 54cm, 암컷 약 64cm
분포: 극지를 제외한 전 세계
우리나라에서 봄과 가을에 관찰되는 겨울새이자 나그네새다. 주로 해안가, 하천, 댐 주변에서 볼 수 있다.

수면 위를 정지비행하면서 먹잇감을 찾다가 먹잇감을 발견하는 즉시 오른쪽 위의 사진처럼 물속으로 급강하한다. 발가락까지 벌리고 만반의 준비를 한 모습에서 물수리의 사냥에 대한 집념을 엿볼 수 있다.

황조롱이의 먹이 활동 현장

황조롱이 (매목 매과)

학명: *Falco tinnunculus*

영명: Common Kestrel

몸길이: 약 33~38cm

분포: 한국을 비롯해 유라시아 대륙, 아프리카 대륙, 중국, 일본 등

황조롱이는 곤충, 파충류, 쥐, 두더지, 작은 새 등을 잡아먹는다. 사진 ①과 같이 사냥감을 발견하기 위해 높은 곳에 있거나 정지비행을 하면서 먹잇감을 찾는다.

참매의 **먹이 활동 현장**

참매 (매목 수리과)
학명: *Accipiter gentilis* **영명:** Northern Goshawk
몸길이: 수컷 약 50cm, 암컷 약 56cm
분포: 북아프리카, 유라시아 대륙, 북아메리카 대륙
우리나라에서는 겨울에 흔하게 볼 수 있으며, 이동 시기에는
서해 도서 지역에서 많이 관찰된다.

위의 사진 속 참매가 찌르레기를 잡았다. 사냥 후에는
천천히 먹을 수 있는 안전한 장소로 먹잇감을 가져간다.

COLUMN

작지만 살벌한 사냥꾼, 때까치의 사냥법

때까치의 부리는 맹금류와 비슷한 갈고리 모양이다. → 95쪽 참고 곤충을 비롯해 거미, 지렁이, 개구리, 작은 물고기, 두더지, 쥐, 작은 새에 이르기까지 다양한 동물을 사냥하여 이른바 '작은 맹금'으로 불린다. 또한 잡은 먹잇감을 나뭇가지 끝이나 가시에 꽂아두는 '먹이꽂이' 습성으로도 잘 알려져 있다. 때까치의 사냥 방법은 크게 네 가지 패턴으로 나눌 수 있다. 첫 번째는 가지 끝에 앉아 먹이를 발견하면 재빠르게 뛰어내려 잡는 방법으로 가장 흔하게 볼 수 있는 모습이다. 두 번째는 나뭇가지 끝에서 공중에 있는 생물에게 달려드는 방법이다. 세 번째는 날아서 추격하는 방법으로 주로 작은 새를 사냥할 때 볼 수 있다. 마지막으로 땅을 파헤쳐 먹잇감을 찾는 방법이 있다. 이처럼 때까치는 다양한 사냥 방법을 사용한다.

때까치의 사냥 방법

첫 번째
먹잇감을 향해 뛰어내린다.

두 번째
공중에 있는 먹잇감에게 달려든다.

세 번째
공중에서 사냥감을 추격한다.

네 번째
땅을 파헤쳐 먹이를 찾는다.

야행성
사냥의 특징

올빼미

블래키스톤물고기잡이부엉이는 올빼미과에 속한 새들 중에서는 드물게 물고기를 주식으로 한다. 물가의 나뭇가지에 앉아 물고기를 기다리다 물로 뛰어들어 먹이를 잡는다. 조용히 할 필요가 없으면 날개 소리를 숨기지 않는다.

블래키스톤물고기잡이부엉이 (올빼미목 올빼미과)

학명: *Ketupa blakistoni*
영명: Blakiston's Fish Owl
몸길이: 약 71cm ⠀⠀ **분포:** 러시아 동부
중국 북동부, 시베리아 동부, 일본 홋카이도 등에서 발견되며 하천이나
호수, 늪지 주변의 삼림에 서식한다.

올빼미는 한마디로 야행성 맹금류다. 낮에 활동하기도 하지만 다수의 종이 주로 야간에 활동하며 먹잇감을 사냥한다. 그래서 낮에 활동하는 독수리나 매 같은 다른 맹금류와 먹이를 놓고 싸울 일이 없다.

올빼미는 곤충, 쥐, 새, 물고기 등 다양한 종류의 먹이를 섭취하며, 밤 사냥이 가능한 특수한 몸 구조를 지니고 있다. 그중 하나가 암흑 속에서도 먹잇감을 찾아낼 수 있을 정도로 감도가 뛰어난 시력이다. 올빼미는 눈이 얼굴 정면에 붙어 있어서 사물을 입체적으로 볼 수 있고, 먹이와의 거리를 쉽게 측정할 수 있다. 또한 다른 새에 비해 둥글고 납작하게 보이는 얼굴의 깃털을 '안면판(facial disc)'이라고 하는데, 이 깃털들이 외부에서 유입되는 음파를 수집해 귓구멍으로 보내는 역할을 한다. 안면판은 소리를 모으는 안테나와 같다고 볼 수 있다. 특히 가면올빼미는 안면판이 가장 발달한 종으로, 완전한 어둠 속에서도 소리 신호만으로 사냥감을 감지할 수 있다.

올빼미와 부엉이의 차이는 귀처럼 보이는 귀깃(귀뿔깃)의 유무다. 그런데 블래키스톤물고기잡이부엉이처럼 귀깃이 있는 올빼미도 있고, 귀깃이 없는 올빼미도 있다.

어두운 밤, 숲속에서 쥐를 사냥한 긴점박이올빼미.

긴점박이올빼미 (올빼미목 올빼미과)
학명: *Strix uralensis*   **영명:** Ural Owl
몸길이: 약 50cm   **분포:** 유라시아 대륙의 아한대~온대
우리나라 텃새로 강원도 산악 지역에서 드물게 볼 수 있으며, 한국 외에 러시아, 중국, 일본 등지에도 분포한다.

대부분의 올빼미는 귀의 좌우 위치와 크기, 내이의 형태와 방향이 다르다. 이것은 소리가 나는 위치를 정확히 판단하기 위함이다. 양쪽 귀에 도달하는 소리의 시간차로 좌우 위치 관계를, 소리의 강약에 의해 상하 위치 관계를 정확하게 알 수 있다. 올빼미는 자주 목을 크게 흔들거나 회전시키는데, 이것도 소리가 나는 곳의 거리를 정확하게 측정하려는 행동이다.

올빼미의 사냥 성공에 큰 역할을 하는 구조가 하나 더 있다. 일반적으로 새가 날 때는 날갯짓하는 소리가 난다. 하지만 올빼미의 날개는 자신의 날갯짓 소리에 먹잇감의 소리가 묻히지 않도록 소리 없이 날 수 있는 구조로 되어 있다. 이것은 먹잇감의 관점에서 보면, 천적이 소리도 없이 다가오는 것이므로 이 또한 올빼미의 사냥 성공률을 높이는 요인이다.

눈의 위치

아래 새들을 보면 저마다 눈의 위치가 다름을 알 수 있다.

콩새

딱새

줄무늬올빼미

귀깃과 귀의 위치

귀깃

귀

큰소쩍새

새들의 먹이 활동 현장

쇠부엉이는 겨울을 나기 위해 우리나라를 찾아온다. 물가의 초원이나 습지 등에 서식하며 야행성이지만 낮에도 활발히 활동한다.

쇠부엉이는 넓은 지역을 쉬지 않고 날기에 적합한 날개를 가졌다. 하늘을 낮게 날면서 사냥감을 찾으며 주로 쥐를 사냥한다.

쇠부엉이 (올빼미목 올빼미과)
학명: *Asio flammeus*   **영명:** Short-Eared Owl
몸길이: 약 38cm   **분포:** 북반구, 남아메리카
쇠부엉이는 겨울을 나기 위해 우리나라를 찾아온다. 물가의 초원이나 습지 등에 서식하며 야행성이지만 낮에도 활발히 활동한다.

큰소쩍새는 긴 귀깃과 주황색 홍채가 특징인 소형 올빼미다. 주로 곤충을 먹지만 작은 동물도 사냥해 먹는다.

큰소쩍새 (올빼미목 올빼미과)
학명: *Otus bakkamoena*
영명: Collared Scops Owl
몸길이: 약 24cm   **분포:** 아시아 동부
일부 무리는 텃새로 연중 볼 수 있으나, 겨울에는 북쪽에서 번식한 집단이 이동하여 온다. 주로 평지와 산지의 숲 등에서 활동한다.

물속에 있는 먹이를 향해
다이빙을 한다!

길고 큰 부리, 짧은 목, 작은 발…
물총새의 몸 구조는 사실 새들 중에서도
꽤 특수한 편이라 할 수 있다.

‘물가의 보석’이라 불리는 물총새는 그 아름답고 귀여운 모습 때문에 인기가 정말 많은 새다. 하지만 인기의 비결은 외모만이 아니다. 물총새의 역동적인 사냥 모습은 우리의 시선을 사로잡기에 충분하다.

물총새는 주로 피라미나 버들치 같은 작은 물고기를 사냥하며, 줄새우, 가재, 개구리, 올챙이 등도 먹는 육식성 조류다. 사냥 유형은 매복형으로, 나뭇가지에 앉아 물속을 내려보다가 물고기를 포착하면 총알처럼 물속으로 뛰어든다. 물고기를 잡은 후에는 물에서 튀어나와 잡은 물고기를 돌이나 나무에 부딪혀 기절시킨 다음 먹는다. 물총새는 하루에도 몇 번이고 이러한 먹이 활동을 반복한다. 실험 결과에 따르면, 물총새의 부리 형태는 빠른 속도로 물속으로 들어갈 때 받게 되는 물의 저항을 최소화하기 위해 진화한 것이라 한다.

한편 먹잇감을 기다리기에 적당한 장소가 없다면 물총새는 수면에서 1m 정도 높이에서 정지비행을 하기도 한다. 30g 정도의 몸으로 중력을 거슬러 공중에서 제자리비행을 하려면 매우 빠른 속도로 날갯짓해야 한다. 수평비행과 비교하면 엄청난 노력이 필요하지만 정지비행할 때 사냥 성공률은 떨어진다고 한다.

또한 화려한 다이빙으로 보는 이들을 사로잡는 또 다른 사냥꾼이 있다. 바로 쇠제비갈매기다. 쇠제비갈매기는 날렵한 몸놀림으로 가늘고 뾰족한 부리부터 물속으로 뛰어든다. 물총새처럼 정지비행하며 먹이를 기다릴 때도 있다.

새 중에서도 정지비행의 절대 강자

물총새 (파랑새목 물총새과)
학명: *Alcedo atthis*
영명: Common Kingfisher **몸길이:** 약 17cm
분포: 유라시아 대륙, 아프리카 대륙
전국에서 번식하는 흔한 여름새로 주로 해안이나 강, 호수, 연못 등의 물가에 서식한다.

가 있다. 바로 꽃꿀을 좋아하는 벌새다. 벌새는 엄청난 비행 능력을 가지고 있는데, 1초에 70번에 가까운 날갯짓을 하며 빠르게 날 수 있다.

몸이 작은 새에게 정지비행은 상당히 어려운 비행 방법이다. 그런데 몸길이 약 28cm의 체격으로 짧은 시간이지만 정지비행을 할 수 있는 새가 또 있으니, 바로 우리 주변에서 쉽게 볼 수 있는 직박구리다! 의외의 재주꾼인 직박구리는 벌새와 마찬가지로 꽃꿀을 좋아한다.

구리머리에메랄드벌새가 정지비행을 하고 있다.

구리머리에메랄드벌새 (칼새목 벌새과)
학명: *Elvira cupreiceps*
영명: Coppery-headed emerald hummingbird
몸길이: 약 7.5cm **분포:** 코스타리카 중앙부

뿔호반새는 물총새과에 속하며 머리에 댕기깃이 덥수룩하게 나 있는 것이 특징이다. 아래 사진은 뿔호반새가 사냥에 실패하고 다시 매복하고 있었던 나뭇가지로 돌아가 자세를 가다듬는 모습이다.

1 2
3 4

뿔호반새 (파랑새목 물총새과)
학명: *Megaceryle lugubris* **영명:** Crested Kingfisher
몸길이: 약 38cm **분포:** 중국, 동남아시아, 일본
우리나라에서는 보기 드문 겨울새. 한때 관찰되지 않다가 2024년 겨울 지리산 계곡에서 관찰되었다. 주로 산지의 계곡이나 해안의 물가에 서식한다.

쇠제비갈매기의 **먹이 활동 현장**

쇠제비갈매기는 수면 위를 흐르듯이 유유히 날거나 바람을 이용해 정지비행하면서 먹잇감을 찾는다. 먹잇감을 발견하는 즉시 물속으로 다이빙해 부리로 낚아챈다.

쇠제비갈매기 (도요목 갈매기과)

학명: *Sterna albifrons*   **영명:** Little Tern
몸길이: 약 28cm   **분포:** 유럽, 북아프리카, 아시아, 오스트레일리아
우리나라에 여름새로 찾아와 전국에서 번식한다.

다른 새의 먹이를 빼앗는 깡패 새들

큰군함조·넓적꼬리도둑갈매기

큰군함조 (사다새목 군함조과)
학명: *Fregata minor*   **영명:** Great Frigatebird
몸길이: 약 100cm
분포: 동남아시아, 오스트레일리아, 인도양, 태평양, 브라질
우리나라에서는 간혹 미조로 발견된다.

군함조는 발가락에 물갈퀴가 있지만 헤엄을 칠 수 없다. 그래서 물 위에 있는 먹이를 직접 잡거나 다른 새가 잡은 먹이를 빼앗는다.

넓적꼬리도둑갈매기 (도요목 도둑갈매기과)
학명: *Stercorarius pomarinus*
영명: Pomarine Skua   **몸길이:** 약 49~72cm
분포: 유럽, 아시아, 북아메리카의 북극권
우리나라에서는 보기 드문 나그네새로, 주로 태평양 쪽 해상에서 관찰된다.

넓적꼬리도둑갈매기는 직접 먹이를 잡기도 하고, 다른 새가 잡은 먹이를 빼앗기도 한다. 번식기에는 소형 포유류와 바다거북 또는 바닷새의 알, 새끼 등을 잡아먹는다.

야생동물에게는 다른 생물이 잡은 먹이를 빼앗는 것도 어엿한 먹이 활동이며 살아가기 위한 수단이 된다.

다른 새가 잡은 먹이를 빼앗기로 유명한 새로는 군함조와 넓적꼬리도둑갈매기가 있다. 군함조는 뛰어난 비행 실력으로 슴새나 갈색얼가니새 등을 끈질기게 쫓아가 위협한다. 결국 상대가 먹이를 놓치거나 토해내면 그때 가로챈다. 이와 마찬가지로 넓적꼬리도둑갈매기도 다른 갈매기나 바닷새를 공격하여 먹잇감을 빼앗는다. 이러한 행동을 '도둑 행위'라고 한다. 바닷새들은 위험을 느끼면 삼켰던 먹이를 다시 토해내는 습성이 있는데, 도둑 행위를 하는 새들은 그 습성을 이용해 먹이를 빼앗는다.

군함조가 도둑 행위를 하는 데는 또 다른 이유가 있다. 군함조는 바다에 사는 바닷새지만, 특이하게도 수영과 잠수를 하지 못한다. 군함조의 깃털은 기름 성분이 적고 방수성이 없어서 한번 물에 젖으면 다시 날아오르지 못하기 때문이다. 그래서 수면 위를 날면서 급강하하여 먹이를 직접 잡거나, 다른 새의 먹이를 빼앗는다.

까마귀 (참새목 까마귀과)
학명: *Corvus corone* **영명:** Carrion Crow
몸길이: 약 50cm **분포:** 아시아, 서유럽
우리나라 전역에서 번식하는 텃새로 도시에서도 흔하게 볼 수 있다.

기본적으로 모든 새는 뺏고 빼앗기는 먹이 활동을 한다. 오른쪽 사진 속 까마귀도 물수리가 잡은 물고기를 빼앗기 위해 재빠르게 접근하고 있다.

물수리 → **50쪽 참고**

새들의 **먹이 활동 현장**

괭이갈매기 vs 괭이갈매기

괭이갈매기는 물고기, 양서류, 갑각류, 곤충, 동물의 사체 등 무엇이든 먹는다. 같은 종일지라도 뺏고 빼앗기는 먹이 다툼은 흔한 일이다.

괭이갈매기 (도요목 갈매기과)

학명: *Larus crassirostris* **영명:** Black-tailed Gull
몸길이: 약 46cm **분포:** 러시아 남동부, 한반도
우리나라 전역에서 볼 수 있는 텃새로 바닷가, 항구, 하구, 갯벌 등에 서식한다.

새들의 **먹이 활동 현장**

참수리 VS 까마귀

가장 거대한 맹금류, 참수리도 사냥에 필사적이다

참수리는 주로 송어나 연어 등의 물고기와 조류, 포유류까지 사냥하며 동물의 사체도 먹는다. 참수리 뒤에 까마귀가 접근하고 있다.

참수리 → 45쪽 참고

순간 포착
번외

▼ 이런 모습도 있다! ▼

공중에 펼쳐진 만찬

지렁이, 물고기, 작은 새…
각각 먹잇감은 달라도 바로 한입 베어 물고 싶은 마음은
같다. 솔개가 이동 중 잡은 지렁이를 맛있게 먹어 치우고
있다.

맛있다…

솔개

황조롱이

솔개

대단한 공중 사냥 실력을 지닌 새

제비 · 제비물떼새

제비는 반전과 급회전을 번갈아 하며 공중에서 화려하게 곤충을 잡아먹는다. 하늘을 가르는 듯한 제비 특유의 유려한 비행은 아름다운 수채화 같다.

제비 (참새목 제비과)
학명: *Hirundo rustica*   **영명:** Barn Swallow
몸길이: 약 17cm   **분포:** 극지를 제외한 전 세계
우리나라에서는 여름새이자 나그네새로 알려져 있다.
최근에는 남부 지역에서 월동하는 것이 확인되었다.

갈색제비는 해안가나 강가 벼랑에 구멍을 파고 집단으로 둥지를 만든다. 오늘도 힘차게 벌레 사냥을 시작한 모습!

갈색제비 (참새목 제비과)
학명: *Riparia riparia*　**영명:** Sand Martin
몸길이: 약 13cm　**분포:** 북반구 온대 이북
우리나라에서는 4월~10월에 볼 수 있는 여름새다.
시베리아 동남부, 사할린섬, 쿠릴열도, 홋카이도 등지에서
번식한다.

　사람이 사는 곳 가까이에 둥지를 틀고 새끼를 키우는 제비는 우리에게 가장 친숙한 새다. 제비는 주로 날고 있는 곤충을 잡아먹는다. 새들 대부분이 나뭇가지나 땅 위에서 먹이를 찾는 반면, 제비는 하늘을 물 흐르듯 날면서 곤충을 사냥한다. 몸에 비해 길고 큰 날개는 글라이더와 같이 활공비행을 할 수 있도록 도와준다. 그래서 체력을 많이 소모하지 않고도 먹이 사냥을 위해 오랜 시간 날 수 있다.

　제비는 부리를 크게 벌려 파리, 벌, 등에, 날개미, 잠자리 등 작은 곤충 여러 마리를 입에 물고 새끼에게 먹이기 위해 둥지로 돌아간다. 이렇게 어미새가 가져다준 먹이를 먹고 무사히 성장한 어린 새는 이소 후에도 한동안 어미로부터 먹이를 공급받는다. 그리고 하늘을 나는 방법과 먹이 잡는 방법을 학습한다. 어미새는 때가 되면 날면서 공중에서 먹이를 건네는데, 이렇게 먹이 공급 방식이 바뀌면 머지않아 새끼도 독립하게 된다.

제비와 마찬가지로 공중 사냥 기술이 뛰어난 새로는, '날아다니며 곤충을 잡아먹는 작은 새'라는 의미를 지닌 딱새류(Flycatcher)가 있다.

그중 황금새는 낙엽 활엽수림에 서식하며, 아름다운 울음소리로도 유명한 나그네새다. 나뭇가지에 앉아 날아다니는 곤충을 발견하면, 순식간에 날아올라 사냥한다.

도시 지역에서 흔히 볼 수 있는 백할미새 등의 할미새류도 공중 사냥의 달인이다. 하루살이나 날도래 등의 수서곤충이 풍부한 물가는 이들에게 최고의 먹이 활동 무대가 된다. 백할미새는 강과 바다를 배경으로 역동적인 사냥 퍼포먼스를 선보인다. → 132쪽 참고

황금새 (참새목 솔딱새과)
학명: *Ficedula narcissina*
영명: Narcissus Flycatcher
몸길이: 약 14cm
분포: 러시아 동부, 중국 북부
봄철에 우리나라를 때때로 지나가는 나그네새다.

위의 사진 속 황금새 수컷은 날개의 노란색과 검은색의 대비가 특히 아름답다. 봄가을 이동 시기에는 도시의 공원에서도 관찰할 수 있다.

제비물떼새의 **먹이 활동 현장**

제비물떼새 (도요목 제비물떼새과)
학명: *Glareola maldivarum* **영명:** Indian Pratincole
몸길이: 약 25cm **분포:** 유라시아 대륙
우리나라에서는 봄과 가을에 작은 무리로 지나가는 나그네새다.
해안가의 풀밭, 하천, 습지 등지에서 볼 수 있다.

제비물떼새가 기늘고 긴 날개로 날면서 곤충
을 잡아먹는 모습은 제비와 닮았다. 하지만 제
비물떼새는 물새로 분류되는 만큼 해안가나
땅 위에서도 긴 다리를 이용해 활발한 사냥을
펼친다.

나무줄기에 숨은
먹잇감을 찾아내다

딱따구리

오색딱따구리는 해마다 새로운 둥지를 만든다. 지난해 머물렀던 둥지는 박새나 찌르레기 그리고 나무 위에서 살아가는 작은 생물들이 사용한다.

오색딱따구리 (딱따구리목 딱따구리과)

학명: *Dendrocopos major*
영명: Great Spotted Woodpecker
몸길이: 약 24cm **분포:** 유럽, 아시아 동부
우리나라 전역에 번식하는 흔한 텃새이며,
딱따구리 중에 개체 수가 가장 많다.

일본청딱따구리는 땅 위에서 개미를 잡아먹고 곤충이 감소하는 가을에는 나무 열매를 즐겨 먹는다.

일본청딱따구리 (딱따구리목 딱따구리과)
학명: *Picus awokera*
영명: Japanese Green Woodpecker
몸길이: 약 29cm   **분포**: 일본(혼슈)
일본 고유종으로 평지에서 산지에 걸쳐 삼림에서 서식한다.

딱따구리라고 하면 대체로 나무에 수직으로 매달려 부리로 나무줄기를 쪼아 구멍을 내는 새라고 알고 있다. 그렇다면 딱따구리가 나무에 구멍을 뚫는 이유는 무엇일까? 둥지를 만드는 과정이기도 하지만 사실 먹이를 잡아먹기 위한 행동이기도 하다. 딱따구리류는 나무줄기 속에 숨은 곤충의 애벌레나 알을 찾아내 먹는 유일한 새이기 때문이다.

딱따구리는 나무줄기를 아래에서 위로 이동하면서 곤충이 뚫은 구멍이나 나무껍질 틈을 찾는다. 줄기를 쪼는 행동은 곤충이 그 안에 만든 공간을 찾기 위해서다. 그리고 그 구멍 틈새로 길게 늘어나는 특수한 혀를 집어넣어 먹이를 잡아먹는다.

딱따구리가 나무에 효과적으로 매달릴 수 있는 이유는 발가락 때문이다. 딱따구리는 발가락이 앞쪽으로 두 개, 뒤쪽으로 두 개 나 있기 때문에 나무를 효율적으로 잡을 수 있다. 동시에 날카로운 꽁지깃이 나무껍질을 파고들며 지지대 역할을 한다. 꽁지깃은 딱따구리가 부리로 나무를 쫄 때도 흔들리지 않도록 균형을 잡아준다.

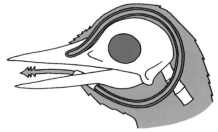

딱따구리의 긴 혀는 눈에서 시작해 두개골을 감싸고 돌아 다시 부리로 이어진다. 이때 혀는 '설골'이라는 뼈 속에 들어 있다가 수축·이완하는 근육에 의해 필요할 때 길게 뻗을 수 있다.

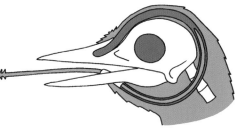

딱따구리의 혀끝에는 갈고리 모양의 돌기가 나 있고, 끈적끈적적한 점액으로 덮여 있어 곤충 등을 잡기가 좋다.

쇠딱따구리는 주택가나 공원에서 볼 수 있는 가장 작은 딱따구리다. 짝을 이루거나 가족 단위로 나무줄기를 이동하면서 곤충과 나무 열매를 먹는다.

쇠딱따구리 (딱따구리목 딱따구리과)
학명: *Dendrocopos kizuki*
영명: Japanese Pygmy Woodpecker
몸길이: 약 15cm **분포:** 러시아 남동부, 동아시아 우리나라 전역에 번식하는 텃새다.

새들의 먹이 활동 현장

큰오색딱따구리 (딱따구리목 딱따구리과)
학명: *Dendrocopos leucotos*
영명: White-backed Woodpecker
몸길이: 약 28cm **분포:** 유라시아 대륙의 중위도 지역
우리나라 전역에서 볼 수 있으나 비교적 흔하지 않은 텃새다.

오키나와딱따구리 (딱따구리목 딱따구리과)
학명: *Sapheopipo noguchii* **영명:** Pryer's Woodpecker
몸길이: 약 31cm **분포:** 일본(오키나와)
일본 고유종으로 오키나와 북부에만 분포하며 조엽수림에 구멍을
파고 둥지를 만든다.

쇠오색딱따구리 (딱따구리목 딱따구리과)
학명: *Dendrocopos minor*
영명: Lesser Spotted Woodpecker
몸길이: 약 16cm **분포:** 유라시아 대륙의 아한대~온대
한반도 북부 지역에 서식하는 보기 드문 텃새다.

75

땅속에 있는 먹이를 잡는 새들의 사냥 방법

순간 포착 8

댕기물떼새 (도요목 물떼새과)

학명: *Vanellus vanellus*
영명: Northern Lapwing
몸길이: 약 32cm
분포: 유라시아 대륙의 중위도 지역

우리나라에는 10월 하순에 찾아와 이듬해 봄까지 머무는 겨울새로, 한반도 전역에서 볼 수 있다.

댕기물떼새는 땅속에 있는 먹이의 반응을 살피기 위해 긴 다리로 땅을 두드리며 걷는다. 먹잇감을 찾았다면 다음은 부리가 나설 차례!

겨울깃을 입은 왕눈물떼새가 잡은 갯지렁이를 물에 깨끗이 씻고 있다. 왕눈물떼새는 갯지렁이를 좋아하며 조개나 곤충도 즐겨 먹는다.

왕눈물떼새 (도요목 물떼새과)
학명: *Charadrius mongolus*
영명: Lesser Sand Plover **몸길이:** 약 20cm
분포: 유라시아 대륙 중동부(번식지), 동남아시아에서
오스트레일리아, 인도양 연안(월동지)
우리나라에 찾아오는 흔한 나그네새로, 갯벌과
모래밭에서 볼 수 있다.

　새들이 먹는 동물성 먹이로는 곤충 이외에도 지렁이와 갯지렁이가 있다. 물떼새 무리는 먹이를 잡기 위해 갯벌과 땅 위를 종종걸음으로 돌아다닌다. 그러다 갯지렁이를 발견하면 곧바로 부리를 이용해 단단히 물고, 갯지렁이의 긴 몸이 중간에 끊어지지 않도록 조심스럽게 잡아당긴다.

　우리나라를 찾는 도요새는 대부분 물떼새와 마찬가지로 갯지렁이를 좋아한다. 새 중에서도 특히 긴 부리가 특징인 도요는 땅에 난 구멍에 부리를 넣고 위아래로 빈번하게 움직인다. 이때 부리 끝에 있는 특별한 감각 기관을 이용해 먹이를 찾는다. 땅속의 먹이가 부리에 조금이라도 닿으면 바로 낚아채 잡아먹는다.

　큰뒷부리도요, 민물도요, 붉은어깨도요 등 도요 무리와 물떼새 무리는 잡은 갯지렁이를 먹기 전에 물로 깨끗이 씻어 모래를 털어내는 습성이 있다.

뉴질랜드에 서식하는 날지 못하는 새, 키위(kiwi)는 긴 부리를 땅속에 파묻고 먹이를 찾는 모습이 도요와 비슷하다고 한다. 하지만 도요새는 부리의 촉각으로 먹잇감을 찾고, 키위는 가늘고 긴 부리의 끝에 콧구멍이 있어 후각으로 지렁이를 찾는다. 예리한 후각은 눈이 잘 보이지 않는 키위에게 주어진 특수한 능력인 셈이다.

새끼를 키우기 위해 우리나라로 돌아오는 여름새인 팔색조도 지렁이를 좋아한다. 팔색조는 새끼에게도 지렁이를 먹이기 때문에, 울창한 숲속 바닥이나 쓰러진 나무 위, 나뭇가지 등에 둥지를 튼다. 알과 새끼가 족제비나 뱀, 까마귀 등의 천적에게 발견되지 않도록 둥지 주변을 잔가지로 에워싸고 이끼 등을 얹어 숨겨놓는다. 그러고는 고단백 먹이인 지렁이를 새끼에게 부지런히 나른다.

깍도요사촌 (도요목 도요과)
학명: *Gallinago megala*
영명: Swinhoe's Snipe **몸길이:** 약 27~28cm
분포: 러시아 중부·동부, 중국 동북 지방
우리나라에는 봄과 가을에 나그네새로 찾아온다.

팔색조 (참새목 팔색조과)
학명: *Pitta nympha* **영명:** Fairy Pitta
몸길이: 약 18cm **분포:** 아시아 남부
우리나라에서는 제주도 및 남해안에 번식하며
관찰하기가 어려운 여름새다.

개똥지빠귀의 **먹이 활동 현장**

개똥지빠귀는 주로 식물의 열매를 먹는데 지렁이도 좋아한다. 뿐만 아니라 바다직박구리, 때까치, 물총새도 지렁이를 좋아한다.

개똥지빠귀 [참새목 지빠귀과]

학명: *Turdus eunomus*　　**영명:** Dusky Thrush
몸길이: 약 24cm　　**분포:** 러시아 동부
우리나라에는 10월에 찾아와 겨울을 나는 겨울새다.

할 수 있는 모든 방법을 동원해 먹이를 잡다

백로

쇠백로는 물속에 서서 날개를 펼쳐 그림자를 만들고 그 그림자로 들어오는 물고기를 잡는다. 그림자를 만들면 수면의 빛 반사를 없애 물속 상태가 잘 보이는 효과가 있다.

쇠백로 (황새목 백로과)

학명: *Egretta garzetta*　　**영명:** Little Egret
몸길이: 약 61cm
분포: 유라시아 대륙, 아프리카 대륙, 오스트레일리아
우리나라에서 흔히 볼 수 있는 여름새로, 번식기인 여름 동안
전국에서 관찰된다.

쇠백로는 물속에 있는 먹잇감을 몰아서 잡는다. 이것은 매복 사냥을 비롯해 쇠백로가 구사하는 기본적인 사냥 방법 중 하나다.

까마귀는 영리하기로 잘 알려진 새다. 먹이 활동을 보아도 그렇다. 딱딱한 껍데기를 가진 호두와 조개를 땅이나 바위 위로 떨어뜨리기도 하고, 도로 위에 놓아 지나가는 차에 껍질이 깨지기를 기다리기도 한다. 그리고 수도꼭지를 부리로 콕콕 건드린 후 물을 마시는 등 까마귀의 높은 지능을 보여주는 목격 사례는 매우 많다.

왜가리류도 까마귀 못지않게 지능이 높으며 제각기 특색 있는 사냥 기술이 있다. 먹이가 다가오기를 가만히 기다렸다가 긴 목을 뻗어 먹이를 잡는 매복 사냥을 비롯해 독자적인 사냥법에 이르기까지 다양한 방법으로 먹이를 사냥한다.

왜가리류는 까마귀와 마찬가지로 텃새인 경우가 많아 계절에 따라 조금씩 바뀌는 먹이를 가능한 한 효율적으로 잡기 위해 사냥 기술이 발달했다. 지금부터 그 놀라운 기술 몇 가지를 소개한다.

• 다리 떨기와 더듬기로 먹이를 몰아 잡는 방법 … 물속에서 다리를 좌우로 흔들며 먹이를 유인해 물고기와 가재 등을 잡는다.

- 유사 먹이를 이용하는 방법 … 나뭇잎이나 잔가지, 나무 열매, 새의 깃털 또는 죽은 개미나 파리 등을 물 위에 띄우고 물고기를 꾀어 잡는다.
- 물결을 이용한 방법 … 긴 부리로 수면에 물결을 일으켜 물고기를 유인해 잡는다.
- 날개를 펼쳐 물고기를 잡는 방법 … 수면 위에서 날개를 펼쳐 그림자를 만들고, 그 그림자 안으로 물고기를 유인해 잡는다.

검은댕기해오라기는 유사 먹이를 이용해 사냥하는 새다. 단순히 수면 위에 유사 먹이를 띄우지 않고, 먹잇감이 사정거리까지 가까워지기를 기다렸다가 유사 먹이를 떨어뜨린다. 유사 먹이를 잘못된 위치에 떨어뜨리면 다시 떨어뜨리는 모습도 확인되었다.

이 밖에 황로는 사냥할 때 사람이나 다른 동물을 이용하는 모습을 보여준다. 작업 중인 트랙터나 소 등 큰 초식동물의 뒤를 따라가며 튀어나오는 곤충을 잡아먹는다. 원래 황로는 풀숲의 곤충을 쫓아서 잡아먹는 사냥 방법을 자주 구사하는데, 이것을 응용한 것으로 보인다.

검은댕기해오라기의 사냥 주특기는 인내심과 순발력이다. 물고기가 다니는 길목에서 끈질기게 기다렸다가 먹이가 나타나는 순간 민첩하게 낚아챈다.

검은댕기해오라기 (황새목 백로과)
학명: *Butorides striata*　**영명:** Green-Backed Heron
몸길이: 약 52cm
분포: 아시아, 아프리카 대륙, 남북 아메리카 대륙의 열대~온대 지역
우리나라에는 4월경에 찾아와 9월까지 관찰된다. 다른 백로류와
다르게 숲속에서 단독으로 번식하며, 여름 동안 전국에서 관찰된다.

황로의 **먹이 활동 현장**

황로 (황새목 백로과)
학명: *Bubulcus ibis*   **영명:** Cattle Egret
몸길이: 약 51cm
분포: 유라시아 대륙, 아프리카 대륙, 남북 아메리카 대륙,
동남아시아, 오스트레일리아
우리나라에는 적은 수가 찾아오는 여름새로, 특히 5월에 한반도를
지나갈 때 논에서 먹이 찾는 모습을 흔히 볼 수 있다.

한 연구에 따르면, 대형동물을 따라다니는 새는 그
렇지 않은 새보다 두 배 이상 많은 곤충을 잡는다고
한다. 트랙터 효과 역시 무시할 수 없다!

담수역과 해수역 등 서식지가 다른
오리들의 사냥 방법

넓적부리 (기러기목 오리과)
학명: *Anas clypeata*
영명: Northern Shoveler
몸길이: 약 50cm
분포: 유라시아 대륙 북부, 북아메리카 대륙 북부
우리나라 전역에 겨울을 나기 위해 찾아오지만,
흔한 오리는 아니다.

넓적부리는 이름 그대로 넓은 부리를 가진 오리다. 집
단으로 둥글게 돌아 수면에 소용돌이를 만들어 물 밑
에서 떠오르는 플랑크톤 등을 먹는다.

물 밑바닥에 쌓인 씨앗이나 수초를 먹을 때는 물구나무를 선다.

주로 해안가 근처에서 해초나 땅 위에 자란 풀을 먹는다. 집단으로 잔디를 먹기도 한다.

쇠오리 (기러기목 오리과)
학명: *Anas crecca*　　**영명:** Green-winged Teal
몸길이: 약 38cm
분포: 유라시아 대륙과 북아메리카 대륙 중북부·북부
우리나라에서는 보통 작은 무리로 겨울을 나는 모습을 볼 수 있다.

홍머리오리 (기러기목 오리과)
학명: *Anas penelope*
영명: Eurasian Wigeon
몸길이: 약 49cm　　**분포:** 유라시아 대륙 북구
우리나라에서는 흔하게 볼 수 있는 겨울새로, 전국에 찾아온다. 호수, 늪, 하천, 해안가 등에 서식한다.

　　오리류는 주로 호수와 늪, 하천, 습지 등 담수 지역에 서식하는 담수오리와 바다오리 두 유형으로 나눌 수 있다. 먹이 활동의 차이에 따라 담수오리는 수면성 오리, 바다오리는 잠수성 오리라고 부르기도 한다. 수면성 오리는 머리 또는 몸통의 절반만 물속에 넣고 먹이 활동을 하고, 잠수성 오리는 말 그대로 잠수를 해서 먹이를 찾는다. 지금부터 담수오리와 바다오리의 먹이와 먹이 활동을 자세히 살펴보자.

　　담수오리는 주로 수면에 떠 있는 식물의 씨앗, 해조류, 플랑크톤, 작은 생물 등을 먹는다. 이들은 먼저 목을 뻗어 수면에 부리를 대고, 물을 퍼 올려 입안에 담는다. 그런 다음 먹이만 남기고 물을 걸러낸다.

　　오리 부리의 양쪽 가장자리는 빗살 모양으로 되어 있어 여과 기능을 한다. 특히 넓적부리는 윗부리와 아랫부리 사이에 있는 얇은 판으로 물을 여과시키면서 수중의 플랑크톤을 걸러 먹는다. 참고로 새 중에서 여

과 성능이 가장 뛰어난 부리를 가지고
있는 새는 홍학류다. →91쪽 참고 또한,
넓적부리는 무리 지어 둥글게 돌면서
수면에 소용돌이를 만든다. 그 소용돌
이를 따라 물 밑에서 떠오르는 플랑크
톤 등을 먹는다. 담수오리 중에는 머
리부터 상반신을 물속에 넣고, 물 밑
에 있는 먹이를 먹기 위해 물구나무서

담수오리(수면성 오리)
청둥오리, 흰뺨검둥오리, 쇠오리, 원앙, 알락오리, 청머리오리, 홍머리오리, 넓적부리, 고방오리 등

바다오리(잠수성오리)
검은머리흰죽지, 검둥오리, 흰뺨오리, 흰죽지, 댕기흰죽지, 검둥오리사촌, 흰비오리, 비오리, 바다비오리 등

기를 하는 종도 있다. 홍머리오리 같은 초식성이 강한 오리는 수초는 물
론이고 땅 위에 있는 풀이나 해안가의 해초도 잘 먹는다.

반면 바다오리는 물속에 잠수하여 헤엄쳐 다니며 물고기와 조개, 새
우, 게, 불가사리류, 물벼룩, 크릴새우, 거머리말 등을 잡아먹는다. 물론
해초와 그 씨앗 등 식물성 먹이도 먹는다.

검둥오리는 물고기가 아닌 조개류, 게, 따개비와 같은 갑각류와 불가사리 등을 잠수하여 잡는다. 그리고 물 위로 올라와 통째로 삼킨다.

바다비오리는 잠수하여 작은 물고기나 새우, 갯가재 등을 잡아먹는다. 머리만 물속에 넣고 헤엄치면서 먹잇감을 찾기도 한다.

검둥오리 (기러기목 오리과)
학명: *Melanitta americana* **영명:** Black Scoter
몸길이: 약 48cm **분포:** 북반구 고위도 지역
우리나라에서는 흔하지 않은 겨울새로 주로 동해안에서 관찰된다.

바다비오리 (기러기목 오리과)
학명: *Mergus serrator*
영명: Red-breasted Merganser
몸길이: 수컷 약 59cm, 암컷 약 52cm
분포: 북반구 북부
우리나라에서는 해안 주변과 하구 등지에서 겨울을 나는 흔한 겨울새다.

먹이 활동의 유형을 알 수 있는
새들의 행동

수면에서 날아오르는 모습을 보고 그 오리가 수면성 오리인지, 잠수성 오리인지 알 수 있다.

수면성 오리는 쇠오리와 같이 갑자기 수면에서 날아오른다. 반면에, 잠수성 오리는 검은머리흰죽지처럼 날아오르기 전에 도움닫기를 하는 특징이 있다. 도움닫기를 하며 날아오르는 오리의 다리는 비교적 몸의 뒤쪽에 있다. 이러한 몸 구조는 물속을 헤엄치기에는 적합하지만, 육지에 올라오면 몸이 곧게 서게 되어 보행에는 큰 도움이 되지 않는다.

쇠오리

잠수하여 먹이 활동을 하는 오리 외에도 우리나라에서 볼 수 있는 새 중에 논병아리나 고니, 큰물닭 등도 도움닫기를 하며 날아오른다.

검은머리흰죽지

새들의 다양한 부리

부리

왜가리

부리의 구조

척추가 있는 척추동물(어류, 양서류, 파충류, 조류, 포유류)은 일부를 제외하고는 다양한 형태의 이빨을 가지고 있다. 그리고 바로 그 일부에 속하는 생물이 새이며, 모든 새는 이빨 대신 부리를 가지고 있다.

그런데 지금으로부터 약 1억 5천만 년 전, 중생대에 살았던 공룡과 조류의 공통 조상인 시조새에게는 이빨이 있었다. 그 후 다른 화석 등을 통해 연구한 결과, 새는 부리의 발달과 함께 이빨의 상실이 동시에 진행된 것으로 추정된다. 또한 조류 이외에 현존하는 생물 중에서는 포유류인 오리너구리가 부리를 지니고 있다.

새 부리 내부는 속이 비거나 구멍이 많은 뼈로 형성되어 있어 무게가 가볍다. 윗부리와 아랫부리는 각각 얇은 각질로 덮여 있으며, 뼈와 각질층 사이에는 혈관과 신경이 지나는 층이 있다. 새 부리의 각질층은 사람의 손톱과 같은 딱딱한 케라틴(keratin) 성분의 각질로 되어 있어 사용하

방울새 재갈매기

면서 닳으면 다시 재생된다. 반면 오리나 도요새의 부리는 연한 표피로 덮여 있다. 이 새들은 부리 끝에 신경이 지나는 층이 모여 있어 그 감각으로 먹이를 감지할 수 있다.

부리의 다양한 기능

새 부리의 가장 큰 역할은 먹이를 잡고, 먹을 수 있게 처리하는 먹이 활동에 있다. 먹이의 종류와 잡는 방법에 맞게 새의 부리와 다리의 형태가 변화했다. 원래는 같은 종이었던 생물이 다양한 환경과 그곳에서 선택한 먹이에 맞게 각각 다른 방향으로 진화하여 다른 형태를 띠는 현상을 '적응방산(adaptive radiation)'이라고 한다.

적응방산에 의한 종의 분화를 알기 쉽게 확인할 수 있는 사례가 있다. 바로 갈라파고스제도와 코코스섬에만 서식하는 '다윈의 핀치(Darwin's finches)'다. 갈라파고스제도 여러 지역에 서식하는 핀치새들은 각 섬에 서식하는 환경과 먹이에 따라 부리 모양과 크기가 다르다. 딱딱하고 큰 씨앗이 많은 곳에 서식하는 핀치

초록관밝은벌새

89

새는 크고 뭉뚝한 부리를 가졌고, 작은 씨앗이 풍부한 곳에 서식하는 핀치새는 작은 부리를, 나무 사이를 날아다니며 곤충을 잡아먹거나 꽃을 먹는 핀치새는 뾰족한 부리를 갖고 있었다. 핀치새의 다양한 식성과 그에 적응한 부리 형태는 원래는 남아메리카에서 온 하나의 종이 적응방산한 것이라고 한다.

또한 꽃꿀을 좋아하는 벌새와 요정굴뚝새도 섭취하는 꽃에 맞추어 부리 형태가 변화된 개체가 있다. 그리고 어떤 꽃은 꽃가루를 운반해 주는 새에 맞춰 색깔, 향기, 모양을 바꾸기도 한다. 이렇게 새가 꽃을, 꽃이 새를 이용하며 상호관계를 지속하고, 서로에게 편리한 방향으로 진화하는 것을 '공진화(coevolution)'라고 한다.

이 밖에도 새의 부리는 다양한 기능을 한다. 날개를 다듬고, 물체를 찾거나 집어 올리며 먹잇감과 천적을 공격한다. 그리고 부리를 이용해 새끼에게 먹이를 먹이거나 보살피기도 한다. 부리 끝이 단단한 황새나 딱따구리 등 일부 새는 부리로 큰 소리를 내어 의사소통에도 이용한다.

※ 국명이 없는 경우 학명과 영명을 표기했다.

동부긴부리꿀먹이새

학명: *Melithreptus albogularis*
영명: White-throated Honeyeater

학명: *Entomyzon cyanotis*
영명: Blue-faced Honeyeater

학명: *Phylidonyris novaehollandiae*
영명: New holland Honeyeater

형태와 사용법이 특별한 부리

새의 부리는 그 새가 서식하는 환경에서 먹이를 좀 더 잡기 쉽고, 먹기 좋도록 진화했다. 여기서는 부리의 형태와 사용법이 독특한 예를 살펴보도록 한다.

칠레홍학

홍학은 먹이를 잡을 때 부리를 물속에 거꾸로 넣는다. 그리고 고개를 좌우로 흔들면서 물을 빨아들이고, 먹이만 걸러서 먹는다. 홍학이 이렇게 먹이를 먹을 수 있는 건 독특한 부리 덕분이다. 홍학 부리의 가장자리에는 톱니 모양의 얇은 판이 촘촘하게 나 있는데, 그 덕분에 물은 빠져나가고 먹이만 걸러진다.

분홍사다새

오스트레일리아사다새

사다새

사다새의 부리 아래쪽은 피부로 되어 있어 주머니처럼 부풀어 오른다. 먹이를 잡을 때 부리를 물속에 넣고 주머니를 그물처럼 사용해 물고기를 건져낸다.

솔잣새

솔잣새는 좌우로 어긋난 독특한 형태의 부리를 가졌다. 이러한 부리의 형태는 소나무 종류의 씨앗이 주식인 솔잣새의 식성에 맞게 진화한 것으로 솔방울을 비트는 데 매우 편리하다.

도요새의 부리

갯벌에서 먹이 활동에 열심인 도요새들. 다양한 이름에서 알 수 있듯이 저마다 개성 넘치는 부리가 눈에 띄는 새들이다.

마도요

마도요는 부리 끝에 있는 촉각기관인 '헤르브스트 소체(Herbst's corpuscle)'를 이용해 진흙 속 구멍에 있는 먹이를 찾아낸다. 부리 끝부분이 유연하게 구부러지기 때문에 구멍 안쪽에 숨어 있는 먹잇감도 어렵지 않게 집어낼 수 있다.

뒷부리도요

뒷부리도요의 부리는 길고 위로 살짝 굽어 있다. 마도요와 마찬가지로 진흙 속 구멍에 부리를 넣고 부리 끝의 촉각기관을 이용해 갯지렁이, 게, 조개 등을 잡는다.

좀도요

좀도요는 도요새 중에서도 몸이 작고 부리도 짧다. 그래서 진흙 속 구멍이 아닌 갯벌 가장자리나 육지 가까이에서 곤충류, 갯지렁이, 갑각류 등의 먹잇감을 찾는다.

노랑발도요

노랑발도요는 갯벌이나 만 또는 강가 모래밭과 모래톱에서 볼 수 있다. 주로 갑각류나 곤충 등을 잡아먹는다. 부리를 벌린 상태로 물속에 넣고 그대로 물고기를 몰아 잡기도 한다.

꼬까도요

꼬까도요는 굵고 짧은 부리를 돌 밑에 넣어 돌을 밀어내고 그 밑에 숨어 있는 먹이를 잡는다. 갯벌의 해초가 난 곳에서 열심히 먹잇감을 찾는 모습을 자주 볼 수 있다.

큰뒷부리도요

큰뒷부리도요의 부리는 위를 향해 굽어 있다. 이 부리를 진흙 구멍에 넣고 갯지렁이, 게, 두껍질조개류 등을 잡아먹는다. 큰뒷부리도요는 진흙 속에서 갯지렁이를 꺼내면 매번 물로 헹구고 나서 먹는 습성이 있다.

93

부리의 형태가 비슷한 새들

근연종은 아니지만 부리의 형태와 그 사용법이 비슷한 새들에 관해 알아보자. 수렴
진화의 예도 소개한다. → **23쪽 참고**

노랑부리저어새 × 넓적부리도요

노랑부리저어새는 주걱 모양의 부리를 물속에서 좌우로 흔들며 먹잇감을 잡는다. 주로 물가에
서식하는 넓적부리도요도 비슷한 모양의 부리를 지녔으며, 같은 방식으로 먹이를 잡는다.

진홍저어새

넓적부리도요

제비
×
쏙독새

제비와 쏙독새는 몸에 비해 길고
큰 날개와 꽁지깃을 사용해 날면
서 공중에 있는 곤충을 잡는다. 이
두 종은 참새목과 쏙독새목으로
근연종은 아니지만, 식성이 비슷
한 요인이 생김새를 닮게 만든 수
렴진화의 예다. 칼새목의 쇠칼새
도 마찬가지다.

쇠칼새

제비

쏙독새

맹금류와 때까치의 날카롭고 뾰족한 부리를 자세히 보면, 이빨처럼 보이는 갈고리 모양의 '치상돌기(tomial tooth)'가 돋아나 있다. 치상돌기는 먹이 활동을 도와주는 부리 일부분으로 먹잇감을 더 단단히 잡을 수 있도록 한다.

치상 돌기

때까치

황조롱이

새들의 깃털도 주목하자!
강모(剛毛)

쏙독새

큰유리새

새의 눈 주변과 입꼬리 등 주로 얼굴 부위에 있는 뻣뻣한 털을 '강모'라고 한다. 이 털은 이물질로부터 새의 눈과 입을 보호한다. 큰유리새 등 딱새류와 쏙독새류에서 쉽게 볼 수 있으며 부리 주위에 있는 강모로 먹이의 위치를 알아낸다.

물속에서 먹이를 사냥하는 새들의 다양한 수영 방법

회색머리아비 (아비목 아비과)
학명: *Gavia pacifica*　　**영명:** Pacific Diver
몸길이: 약 65cm
분포: 북아메리카 대륙 북부, 아시아 대륙 최북단
우리나라에서는 남해안 주변에 겨울새로 찾아와
바다나 연안에 서식한다.

아비의 일종인 회색머리아비는 잠수 유영을 한다. 몸 뒷부분에 있는 다리를 이용해 물속에서 다양한 방향으로 움직인다.

아프리카 펭귄 (펭귄목 펭귄과)
학명: *Spheniscus demersus*
영명: African penguin
몸길이: 약 70cm　**분포:** 나미비아, 남아프리카

펭귄의 날개는 물속을 헤엄쳐 다니는 지느러미와 같은 역할을 하며 추진력을 만들어낸다.

댕기바다오리 (도요목 바다오리과)
학명: *Fratercula cirrhata*　**영명:** Tufted Puffin
몸길이: 약 40cm
분포: 북태평양 연안에서 번식하며 인근 지역에서 월동

댕기바다오리는 체격에 비해 작은 날개로 물속을 날아다니듯 헤엄친다.

　날개를 가진 새는 경쟁 대상이 없는 하늘로 진출했지만, 그중에는 하늘이 아니라 주로 물속에서 살기를 선택한 새도 있다. 펭귄목, 아비목, 논병아리목, 도요목 바다오리과에 속하는 새들은 몸의 구조가 수중 생활에 맞게 변화했다. 그중 펭귄은 진화 과정에서 하늘을 날 수 없게 되었지만, 그만큼 잠수 능력을 키워온 것으로 과학자들은 추정한다.

　펭귄의 뒷다리는 지방층이 두껍고, 골밀도가 높아서 물속에서 마치 날아다니듯 빠른 속도로 헤엄칠 수 있다. 또한 몸이 유선형으로 생겨서 물의 저항이 적고, 털은 방수 능력이 뛰어나다. 넓고 평평한 널빤지 형태의 날개는 물고기의 지느러미 같은 역할을 한다. 날개 깃털 안에 많은 공기가 포함되어 있어 물속에서 더 빠르게 수영할 수 있다.

　바다오리류는 물속에 적응한 후, 날개가 몸에 비해 작아졌다. 펭귄처럼 물속에서 날갯짓하며 헤엄을 치지만 동작이 조금 매끄럽지 못하다.

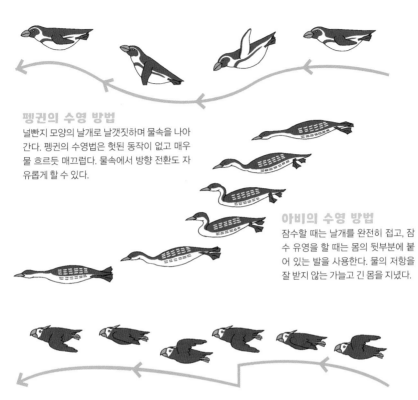

펭귄의 수영 방법
널빤지 모양의 날개로 날갯짓하며 물속을 나아
간다. 펭귄의 수영법은 헛된 동작이 없고 매우
물 흐르듯 매끄럽다. 물속에서 방향 전환도 자
유롭게 할 수 있다.

아비의 수영 방법
잠수할 때는 날개를 완전히 접고, 잠
수 유영을 할 때는 몸의 뒷부분에 붙
어 있는 발을 사용한다. 물의 저항을
잘 받지 않는 가늘고 긴 몸을 지녔다.

댕기바다오리의 수영 방법
댕기바다오리는 물속에서 날개를 반쯤 벌리고 힘차게 날갯
짓을 한다. 날아오를 때는 절벽 등에서 다이빙한다.

아비는 비상하는 힘이 강해 장거리 이동에 능하다.
주로 까나리 등의 소형 물고기를 먹는다.

아비 (아비목 아비과)
학명: *Gavia stellata*
영명: Red-throated Diver **몸길이:** 약 69cm
분포: 유라시아 대륙 북부, 북아메리카 대륙 북부
우리나라에서는 제주도와 거제도 연안에 해마다
규칙적으로 찾아와 겨울을 난다.

발 형태에 따라 수영 방법이 다르다

헤엄치기 위해 진화한 물새의 발은 두 가지 유형으로 나뉜다. 첫 번째는 발가락에 물갈퀴가 있는 '복족(webbed)'이고, 두 번째는 발가락에 여러 개의 독립된 막이 있어 마치 나뭇잎처럼 보이는 구조의 '판족(lobate)'이다.

복족과 판족은 헤엄칠 때 발을 사용하는 방법이 다르다. 복족을 가진 종은 발가락을 펴서 벌렸을 때 물갈퀴의 면적이 크고, 구부려 접었을 때는 면적이 작아진다. 물을 밀어낼 때는 물갈퀴를 펼치고 되돌아올 때는 물갈퀴를 접어 물의 저항을 줄인다. 판족을 가진 종은 물갈퀴 자체의 면적에 변화를 줄 수 없다. 그래서 물을 밀어낼 때는 판족의 넓은 면을 사용하고, 되돌아올 때는 판족을 비틀어 물의 저항을 줄인다. 보트를 타고 노를 저을 때와 유사하다.

백조(복족)의 수영 방법

복족을 가진 종: 오리, 아비, 슴새, 펠리컨, 갈매기, 바다쇠오리 등

논병아리(판족)의 수영 방법

판족을 가진 종: 논병아리, 물닭, 지느러미발도요 등

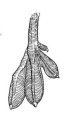

계곡의 급류에도 문제없이 잠수하다!

물까마귀 (참새목 물까마귀과)
학명: *Cinclus pallasii*　**영명:** Brown Dipper
몸길이: 약 22cm　**분포:** 히말라야에서 아시아 동부
우리나라 전역에 분포하는 텃새로, 주로 낮은 산지의
계곡 물가에 살며 겨울에는 물이 얼지 않는 계곡 하류로
이동한다.

물까마귀는 '계곡 잠수의 달인'이라고도 불린다. 물까마귀가 물속에 있을 때는 깃털 사이에 들어 있는 공기로 인해 몸 전체가 은색으로 보인다.

물까마귀의 짧은 날개와 꽁지깃은 물의 저항을 줄이는 데 유리할 것으로 추측된다. 물까마귀가 육지로 올라와 몸을 흔들면 깃털이 바로 마른다.

참새목은 약 6,000여 종의 새가 속한 최대 그룹이다. 참새목 중에서도 유일하게 잠수하여 먹이를 사냥하는 개체가 있다. 바로 물까마귀다. 까마귀라고는 하지만 물가에 살고 온몸이 검은색이라 붙은 이름일 뿐, 까마귀 종류는 아니다. 물론 날 수 있지만, 날개편길이가 31cm인데, 몸길이가 22cm로 날개가 상당히 짧고 통통한 편이다. 그래서 물까마귀가 직선비행을 하는 모습은 왠지 모르게 무거워 보인다.

물까마귀는 물속에서 자신의 진가를 발휘한다. 물 밑으로 머리를 넣어 들여다보다가 먹잇감을 포착하면 그대로 물속으로 잠수한다. 그리고 강바닥에 붙어서 걷거나 헤엄을 치면서 먹이를 빠르게 낚아챈다.

물새와 바닷새 이외에 먹잇감을 잡기 위해 물속으로 뛰어드는 물총새 →58쪽 참고 나 뿔호반새 →60쪽 참고 도 있다. 하지만 곧바로 물 위로 튀어나올 만큼 물속에서 활동하는 시간이 짧으며, 물까마귀처럼 강바닥을 걷지도 못한다.

노랑할미새는 긴 꽁지깃을 흔들며 물가를 거닐면서 물속이나 바위 그늘에 있는 거미와 곤충 등을 잡아먹는다.

굴뚝새는 물까마귀와 깃털 색이 비슷하지만, 굴뚝새의 몸에는 검고 작은 반점이 있다. 굴뚝새는 주로 거미와 곤충을 잡아먹는다.

노랑할미새 (참새목 할미새과)
학명: *Motacilla cinerea*
영명: Grey Wagtail **몸길이:** 약 20cm
분포: 유라시아 대륙, 아프리카 대륙 중부·남부
우리나라 전역에서 흔히 번식하는 여름새로,
작은 무리가 한반도 남단에서 월동하기도 한다.

굴뚝새 (참새목 굴뚝새과)
학명: *Troglodytes troglodytes*
영명: Wren **몸길이:** 약 11cm
분포: 유럽, 아프리카 북부, 서·중앙아시아에서 러시아
극동 지역, 동남아시아 북부, 중국, 대만, 한반도
우리나라 전역에 서식하며 우거진 숲속이나
덤불 속에 숨어 산다. 바위틈 등에 둥지를 튼다.

그렇다면, 물까마귀가 계곡의 급류에도 문제없이 잠수할 수 있는 비결은 무엇일까? 첫 번째는 강한 발가락 힘이다. 물까마귀는 발가락 근육을 사용하여 개울 바닥에 튀어나온 돌출물을 붙잡는다. 이러한 행동은 물속으로 머리를 집어넣고 있는 동안, 부력으로 인해 머리가 수면 위로 올라오는 것을 막아준다. 두 번째는 튼튼한 날개다. 물까마귀는 물속에서 움직일 때, 펭귄이 수영하는 것처럼 날개를 움직인다. 마치 물속에서 날아다니는 것처럼 보이기도 한다. 물살의 흐름이 강할 때는 자신의 위치를 유지하기 위해 물의 흐름에 저항해야 하다. 이때 튼튼한 날개로 맹렬하게 노를 젓는다. 세 번째로 물까마귀의 깃털은 물에서 나와 한 번 흔들기만 하면 바로 마르는 특성을 지녔다.

물까마귀는 강 상류 지역의 물가에 서식한다. 물살이 빠른 강에서 물까마귀가 잡는 먹이는 강도래, 날도래와 같은 수서곤충의 유충이나 게, 작은 물고기 등이다. 둥지를 트는 장소도 선호하는 곳이 있는데, 바로 폭포의 뒤쪽이다. 이 밖에도 물이끼 등을 재료로 삼아 바위틈이나 다리 밑 틈새 등에 둥지를 짓는다.

물까마귀와 비슷한 환경에 서식하는 새로는 굴뚝새와 할미새가 있다.

여름 강가에서 볼 수 있는 곤충들

물까마귀가 사는 환경에서 볼 수 있는 곤충들은 근처 공원 연못에 사는 곤충과는 어딘가 다르다. 여름에 산에 가면 계곡 주변을 산책해 보자. 아래에 소개된 곤충들을 관찰할 수 있다.

- 강도래: 번데기 시기가 없는 불완전변태 곤충으로, 유충은 곤들매기나 산천어의 낚시 미끼로 자주 사용된다. 성충은 육지에서 살며, 봄부터 초여름에 걸쳐 물가 근처 풀과 나무에서 볼 수 있다.
- 날도래: 유충은 강바닥의 돌에 붙어 서식하며, 원통형 둥지를 만든다.
- 하루살이: 생물 분류학적으로 볼 때 지구상에서 최초로 날개를 획득한 곤충으로, 성충이 되면 하루 또는 며칠만 생존한다.
- 물잠자리: 강가 바위나 풀에 앉아 있을 때는 날개를 접는 것이 특징이다. 강 상류에 많이 서식한다.
- 황오색나비: 주로 강 상류 주변을 낮게 날면서 물가 부근의 습한 모래땅에 물을 마시러 온다.
- 반딧불이: 유충 때 깨끗한 물에 사는 다슬기를 먹고 성장하기 때문에 깨끗한 물에 많다고 한다.
- 애반딧불이: 조금 더러운 물에 사는 우렁이를 먹고 자란다.

강물의 깨끗함(수질)은 그곳에 사는 반딧불이 종류에 따라서도 알 수 있다. 환경부는 수서곤충이나 어류 등 수생물의 서식 생태를 통해 강물의 질을 판단하는 〈전국 수생태계 현황 조사 및 건강성 평가〉를 실시하고 있다.

계곡 물가에서 수서곤충을 잡아먹는 물까마귀.

리틀코렐라 (앵무목 관앵무과)

학명: *Cacatua sanguinea* **영명:** Little Corella
몸길이: 약 36~39cm
분포: 오스트레일리아와 뉴기니 남부
자생지인 오스트레일리아에서 수천 마리가 집단을 이루어
생활한다. 우리나라에서는 반려조로 친숙한 새다.

리틀코렐라는 큰 무리를 이루어 생활한다.
농작물인 밀과 보리 등의 씨앗, 과수원의
과일과 꽃눈을 따먹기도 하여 자생지인 오
스트레일리아에서는 해조로 취급하는 지
역도 있다. 지능이 높은 앵무새로 발가락
을 능숙하게 사용한다.

리틀코렐라에 비해 윗부리가 길고 굽어 있다. 특히 오스트레일리아 도시 지역의 공원에서 자주 볼 수 있다.

긴부리유황앵무 (앵무목 앵무과)
학명: *Cacatua tenuirostris*
영명: Long-billed Corella
몸길이: 약 37~42cm **분포:** 오스트레일리아
자생지에서 집단을 이루어 생활한다.
우리나라에서는 반려조로 친숙한 새다.

왕관앵무 (앵무목 앵무과)
학명: *Nymphicus hollandicus* **영명:** Cockatiel
몸길이: 약 30~35cm **분포:** 오스트레일리아
앵무새 중에서는 세계에서 가장 작은 종으로,
자생지에서 집단을 이루어 생활한다. 반려조로 친숙한 새다.

왕관앵무는 지능이 높고 사람을 잘 따른다.

　　우리나라에서 앵무새와 잉꼬는 영리하고 오래 사는 반려조로 사랑받는다. 앵무새와 잉꼬의 차이는 크기, 화려한 깃털(앵무새의 깃털이 더 수수함), 머리깃의 유무(앵무새만 있음) 등이다. 또한, 앵무새는 내장에 쓸개가 있지만 잉꼬는 없다는 것으로 둘을 구별하기도 한다.

　　반대로 공통된 특징은 아래 방향으로 완만하게 굽은 뾰족한 부리다. 일반적으로 새의 부리는 앞쪽으로 돌출되어 있지만, 앵무새나 잉꼬의 윗부리는 아래 방향으로 굽어 있으면서 끝으로 갈수록 뾰족하다. 독수리나 올빼미 같은 맹금류의 부리와 비슷하다. 이러한 형태의 부리는 나무 열매 등의 단단한 씨앗을 까는 데 적합하다. 앵무새나 대형 잉꼬는 부리를 사용해 호두 같은 단단한 나무열매의 껍데기를 깔 수 있다. 또한 곡물이나 씨앗을 먹을 때도 부리로 으깨서 먹기 좋게 만들기도 한다.

앞에서 살펴본 것과 같이 새의 발가락은 종에 따라 형태가 다르다. 60% 이상의 새가 앞쪽에 발가락이 세 개, 뒤쪽에 발가락이 한 개 나 있는 삼전지족이다. (→23쪽 참고) 반면, 앵무새와 잉꼬는 대지족이다. 대지족은 앞쪽에 발가락이 두 개, 뒤쪽에 발가락이 두 개 나 있는 형태. 이것은 뻐꾸기나 두견이, 딱따구리류에서도 볼 수 있는 구조로 나무 위에서 많은 시간을 보내는 새에게 편리한 형태다. 발가락이 앞뒤로 두 개씩 나 있어서 물체를 쥐고 들어 올리는 힘이 강하며 횃대에 한쪽 발로 앉아 다른 발로 나무 열매를 잡고 먹는 기술이 가능해진다.

오색앵무 (앵무목 앵무과)
학명: *Trichoglossus haematodus*
영명: Rainbow Lorikeet
몸길이: 약 25~30cm   **분포:** 오스트레일리아
우리나라에서는 반려조로 키우며 주로 꽃꿀이나 꽃가루를 먹는다.

우의앵무 / 붉은날개앵무 (앵무목 앵무과)
학명: *Aprosmictus erythropterus*
영명: Red-winged Parrot
몸길이: 약 25~30cm   **분포:** 오스트레일리아, 파푸아뉴기니
우리나라에서는 반려조로 키우며 식물의 씨앗이나 과일, 꽃, 곤충 등을 주로 먹는다.

갈라코카투 (앵무목 앵무과)
학명: *Eolophus roseicapilla*
영명: Galah Cockatoo
몸길이: 약 36cm   **분포:** 오스트레일리아
자생지에서 집단으로 식물의 씨앗이나 과일 등을 먹는다.

왜 새들은 나뭇가지에서 잘 때
떨어지지 않을까?

　가느다란 나뭇가지 위에 앉아 잠든 새를 보고 혹여나 발가락의 힘이 빠져 떨어지지는 않을까? 하고 의문을 가져본 사람이 있을 것이다. 왜 새들은 나뭇가지에서 잘 때 떨어지지 않을까? 그 비밀은 새의 발 구조에 있다. 새는 나뭇가지에 앉으면 다리가 구부러지면서 발가락과 연결된 힘줄이 자동으로 수축된다. 그 결과 새의 발가락이 나뭇가지를 꽉 잡게 된다. 새는 별다른 힘을 쓰지 않고도 자연스럽게 발가락을 나뭇가지에 걸 수 있다.

　덧붙이자면, 새 중에서도 나무 위 생활에 가장 적합한 다리를 가진 새는 참새목 개체들이다. 새들 대부분은 앞쪽 발가락을 구부리면 자동으로 뒤쪽 발가락도 구부러진다. 앞쪽 발가락 근육과 뒤쪽 발가락 근육의 힘줄이 연결되어 있기 때문이다. 반면 참새목에 속한 새들은 앞뒤 발가락이 각각 독립적으로 움직인다. 그래서 어떤 방향으로 뻗은 가지라도 잘 잡을 수 있다.

발가락으로 움켜쥐는 동작과 힘줄의 관계

* 아래 그림은 삼전지족의 경우다.

힘줄

발을 구부리면 힘줄이 수축되어
움켜쥐는 상태가 유지된다.

109

열심히 먹이를 저장해
식물의 씨앗을 널리 퍼뜨리는 새들

곤줄박이 (참새목 박새과)

학명: *Parus varius*　　**영명:** Varied Tit
몸길이: 약 14cm　　**분포:** 한반도, 일본
평지에서 산지에 이르는 숲에 서식한다. 나방의
유충이나 거미를 잡아먹으며 곤충이 없어지는
가을과 겨울에는 나무 열매를 먹는다.

곤줄박이가 때죽나무 열매를 두 발로 잡고 능숙한 솜
씨로 독이 있는 과육과 딱딱한 껍데기를 제거하고 있
다. 그리고 씨앗만 꺼내 겨울이 오기 전에 열심히 저장
해 둔다. 이 밖에도 곤줄박이는 소나무, 동백나무, 잣
나무, 주목의 열매를 저장한다.

잣까마귀는 눈잣나무, 가문비나무와 같은 침엽수의 씨앗을 저장한다. 숲을 재생시키는 새로 알려진 잣까마귀는 눈잣나무 씨앗을 널리 퍼뜨리는 데 일등 공신이다.

잣까마귀 (참새목 까마귀과)
학명 : *Nucifraga caryocatactes*
영명 : Nutcracker
몸길이 : 약 32~37cm
분포 : 유라시아 대륙의 아한대~온대 지역
한반도 전역에 번식하는 텃새로, 설악산의 잣나무 숲
등에서 번식하고 겨울에는 낮은 산지로 이동한다.

　새들은 나무 열매를 비롯해 곤충이나 작은 동물, 그 밖의 먹이를 땅속이나 나무껍질 사이, 인가 지붕, 거리 구조물 틈, 나뭇가지 등에 저장한다. 이렇게 먹이 저장 행동을 하는 새로는 곤줄박이를 비롯한 박새류, 잣까마귀, 어치 등이 속한 까마귀류, 때까치 등이 있다. 나무 열매를 저장하는 행동은 주로 산에 사는 새들이 보이는 행동이다. 먹이가 부족한 혹한기를 대비해 생존하기 위한 습성이다. 저장한 먹이는 이듬해 새끼를 기르는 데도 사용한다. 잣까마귀는 먹이 저장을 함으로써 천적이 없는 높은 고산대에서도 번식할 수 있게 되었다고 한다.

　한편 곤줄박이는 한 장소가 아니라 여러 장소에 먹이를 숨기는 분산 저장을 한다. 과거에는 곤줄박이가 먹이를 숨긴 장소를 결국 잊어버리고 애써 숨긴 먹이를 찾지 못할 것이라고 추측했었다. 하지만 곤줄박이가 여러 장소에 저장한 먹이를 거의 회수한다는 연구 결과가 보고되면서 그 의문점은 해소되었다.

먹이를 저장하는 새는 어디에 무엇이 있는지 파악하는 인지지도가 인간이 상상하는 그 이상으로 훨씬 발달했다고 한다. 그것을 증명하는 하나의 예로, 까마귀는 이따금 저장한 먹이를 다시 파내어 장소를 옮겨 다시 숨긴다고 한다. 까마귀의 먹이 저장 행동은 산새들과 비교할 때 먹이의 종류가 매우 다양하다는 특징이 있다. 특히 큰부리까마귀는 원래 산에서 먹이를 저장하다가 도시로 먹이 활동의 폭을 넓히면서 저장하는 먹이의 종류가 늘어났다.

때까치의 먹이 저장 습성은 잡은 먹잇감을 나뭇가지나 식물의 가시 등에 꽂아두는 행동으로 잘 알려져 있다. 때까치가 먹이 저장을 하는 때는 주로 10월~12월로, 겨울이 오기 전 먹잇감을 잡기 쉬운 시기다. 최신 연구에 따르면, 때까치가 이렇게 먹이 저장 행동을 하는 이유는 짝짓기를 위해서라고 한다. 번식기를 앞둔 수컷은 암컷에게 접근하기 전에 저장해 놓은 먹이를 잔뜩 먹고, 멋지게 지저귀는 소리를 뽐냄으로써 구애에 성공할 확률을 높였다.

어치가 좋아하는 도토리를 입에 물고 운반 중이다. 어치는 기억력이 좋아 먹잇감의 특징을 하나하나 기억하며 먹이를 보관한 장소를 1만 개까지 기억할 수 있다. 게다가 자신이 먹이를 숨기는 모습을 옆에서 지켜본 경쟁자들까지 모두 기억한다.

어치 (참새목 까마귀과)
학명: *Garrulus glandarius* **영명:** Eurasian Jay
몸길이: 약 32~37cm **분포:** 유라시아 대륙, 북아프리카
평지 또는 산지의 삼림에 서식한다.

송장까마귀가 도토리를 한가득 물고 저장할 장소를 물색하고 있다.

송장까마귀

때까치의 먹이 활동 현장

때까치가 나뭇가지에 꽂아두는 먹이는 매월 40개 정도로, 계절마다 120개 정도 저장한다고 한다. 이렇게 저장한 먹이를 다른 새가 약삭빠르게 먹어 치우기도 한다.

때까치 (참새목 때까치과)
학명: *Lanius bucephalus*
영명: Bull-headed Shrike
몸길이: 약 20cm   **분포:** 동아시아
한반도 전역에서 번식하는 텃새다. 북부의 일부 번식 집단은 남쪽으로 이동하여 겨울을 난다.

서식지를 넓히는 새들과 먹이

화미조는 구릉지나 관목림, 대나무 숲 덤불 속을 좋아한다. 곤충과 과일, 씨앗을 먹으며 아름다운 울음소리가 특징이다.

화미조 〔참새목 상사조과〕
학명: *Garrulax canorus*   **영명:** Chinese Hwamei
몸길이: 약 25cm   **분포:** 중국 중부·남동부, 동남아시아 북부
중국의 동부 지역에 주로 서식하며 울음소리가 예쁜 명금류에 속하는 새다.

조릿대가 무성한 낙엽활엽수림에서 번식하며 월동기에는 표고가 낮은 고지로 이동하는 떠돌이새다. 곤충이나 과일을 먹는다.

상사조 〔참새목 상사조과〕
학명: *Leiothrix lutea*
영명: Red-billed Leiothrix   **몸길이:** 약 15cm
분포: 인도 북부, 중국 남부, 일본, 동남아시아 북부, 하와이
중국 중남부에서 인도에 걸쳐 분포한다.

외래종이란 원래 서식지에서 벗어나 인위적인 요소로 새로운 지역에 유입되어 정착된 생물을 말한다. 외래종에 속하는 새로는 차이니즈뱀부파트리지, 염주비둘기, 집비둘기 등이 있다. 이미 외래종이라는 이미지가 희미해진 종부터 현재 개체를 확대하고 있는 종에 이르기까지 매우 다양하다. 그중 상당수는 반려조로 수입된 새들이 새장에서 나가 정착한 경우가 많다. 장미목도리앵무, 혹고니, 화미조와 상사조 등이 여기에 속한다.

외래종이 일으키는 문제 중 하나는 서식 장소나 먹이를 놓고 토착종과 경쟁하고 위해를 가하는 것이다. 예컨대 장미목도리앵무는 나무에 둥지를 트는데, 이것은 토착종인 찌르레기나 박새와 동일하다. 장미목도리앵무의 개체 수가 늘어나면 찌르레기와 박새의 생활을 위협할 수밖에 없다. 외래종의 침입과 같이 강한 외적 요인이 있을 경우, 생태계의 변화나 종의 멸종이 가속화되고 생물의 다양성은 크게 저하된다. 때문에 외래종의 동향을 신중하게 지켜보아야 한다.

장미목도리앵무 (앵무목 앵무과)

학명: *Psittacula krameri manillensis*
영명: Rose-ringed Parakeet
몸길이: 약 40cm
분포: 인도, 파키스탄, 스리랑카
일본에서는 관동 지역에서 볼 수 있으며, 최근에는 도쿄 근교에서 야생화한 개체가 급증하고 있다.

장미목도리앵무는 도시 주택가나 나무의 빈 구멍에서 번식한다. 남방계의 이 새가 일본에서 개체 수가 급격하게 증가한 이유는 지구온난화의 영향으로 추정된다.

한편 야생에서 서식해야 하는데 도시 지역으로 이동한 새를 '도시새' 라고 한다. 새들이 도시로 이동하는 이유는 무엇일까? 야생에서 보금자 리로 삼을 만한 장소를 잃었거나, 도시 지역에도 어느 정도 녹지가 조성 되면서 천적이 적고 먹이를 구하기 쉬워 이동하는 것으로 볼 수 있다. 직 박구리, 찌르레기, 황조롱이, 백할미새, 쇠딱따구리 등 다른 지역에 있던 새들이 도시로 삶의 터전을 옮기고 있다. 그런데 그 수가 늘어나면 인간 의 생활과 충돌하는 문제가 발생할 수밖에 없다. 새의 배설물로 인한 피 해, 농작물 피해, 소음 등이 그 예다. 지난 20년 사이 까마귀의 수가 급속 도로 증가하여 정전 사고, 배설물 및 소음으로 인한 피해, 농작물 피해 등 이 늘면서 유해 조류 지정 방안이 추진되고 있다. 겨울새인 떼까마귀도 최근 경기 남부 도심에 대거 몰려들어 주민들이 고통을 호소하고 있다. 그러나 멧돼지나 곰이 마을로 내려오는 것과 마찬가지로 새의 행동에도 이유가 있으므로 그 생태를 이해하고 공생하는 방법을 찾는 것이 중요 하다.

갈까마귀 (참새목 까마귀과)
학명: *Corvus dauuricus*
영명: Jackdaw　**몸길이:** 약 33cm
분포: 러시아 동부, 몽골, 중국, 대만, 한반도
겨울을 나기 위해 우리나라를 찾는 흔치 않은
겨울새이며 나그네새다.

갈까마귀는 까마귀류 중 크기가 제일 작다. 몸에 흰 반점이 있는 개체와 반점 없이 어두운 개체가 있다.

떼까마귀 (참새목 까마귀과)
학명: *Corvus frugilegus*
영명: Rook　**몸길이:** 약 47cm
분포: 유라시아 대륙의 중위도 지역
우리나라에서는 주로 남부와 섬에서
겨울을 나는 겨울새로, 농경지 등에서
무리 지어 생활한다.

알아두어야 할 외래종에 관한 이야기

일본에서는 외래종 문제가 심각해지면서 2005년, 외래생물법을 시행했다. 외래 생물은 해외 기원 외래종을 가리키며 생태계, 사람의 생명과 신체, 농림수산업에 피해를 끼칠 우려가 있는 것을 '특정외래생물'로 규정해 사육과 수입, 방류 등을 금지했다.

현재 특정외래생물로 지정된 새로는 캐나다기러기, 붉은항문직박구리, 화미조, 콧수염웃음지빠귀, 흰눈썹웃음지빠귀, 가면웃음지빠귀, 상사조, 일곱 종이다. 그중 캐나다기러기는 야생 개체는 근절되고 일부는 각지 동물원에 수용되었다. 한편 붉은항문직박구리의 정착은 확인되지 않았다. 소형 외래종은 숲과 덤불에 숨어 서식해서 파악하기 어렵기 때문이다. 가면웃음지빠귀도 그런 위험성을 지닌 외래종 중 하나다.

반면 화미조와 상사조를 비롯한 다른 외래종은 일본 각지에 정착한 것으로 확인되었다.

캐나다기러기

가면웃음지빠귀

캐나다기러기는 대형 외래종인 까닭에 정착 장소를 파악하기 쉬워 비교적 대응이 용이했다. 반면에 소형 외래종인 가면웃음지빠귀는 정착 장소를 파악하기 어렵다.

▼ 이런 모습도 있다! ▼

봄이 왔어요!

직박구리

동박새

박새

황여새

섬참새

120

참새

새들의 먹이 활동 순간!

바위종다리

멧비둘기

새가 있는 곳은 그 새의 먹이가 있는 곳이다.
지금부터는 지대별로 볼 수 있는 새와
새가 먹이를 잡는 귀한 순간을 소개한다.

강·호수·늪에서 볼 수 있는 새…132

해안·먼바다에서 볼 수 있는 새…136

쇠오리

꼬까도요

산지·삼림에서 볼 수 있는 새

매사촌 (두견이목 두견이과)
학명: *Cuculus hyperythrus*
영명: Hawk-Cuckoo
몸길이: 약 32cm **분포:** 아시아 동부
한반도 서북부와 중부 이북의 산악지대에서
번식하며 우리나라에 여름새로 찾아온다.

매사촌은 곤충을 비롯한 절지동물 등을 잡아
먹는다. 사진 속 매사촌이 사마귀를 한입에
삼키고 있다.

124

벙어리뻐꾸기 (두견이목 두견이과)

학명: *Cuculus saturatus*   **영명:** Oriental Cuckoo
몸길이: 약 32cm

분포: 러시아 중부, 사할린섬, 일본, 중국 등
우리나라에는 여름새로 찾아오며 삼림에서 주로
혼자 생활한다.

벙어리뻐꾸기의 주식은 곤충이다.
그중에서도 털이 많은 애벌레를 좋아한다.

어치는 '꺄악–꺅꺅꺅꺅꺅' 하고 울음소리를 내며 다른 새의 울음소리
도 곧잘 모방한다. 곤충을 주로 먹지만 잡식성이어서 과일과 씨앗도 먹
는다. 다른 새의 알도 훔쳐 먹는다.

어치 → 112쪽 참고

들꿩 (닭목 꿩과)
학명: *Tetrastes bonasia*　　**영명:** Hazel Grouse
몸길이: 약 36cm　　**분포:** 한반도 전역
텃새로 서식한다.

들꿩은 낙엽 활엽수림과 침활 혼효림에 서식하며 나무의 싹과 어린잎, 씨앗을 먹는다. 번식기에는 곤충을 잡아먹는다.

동고비 (참새목 동고비과)
학명: *Sitta europaea*　　**영명:** Nuthatch
몸길이: 약 12~15cm
분포: 아무르 남부, 우수리, 만주, 일본, 한반도 전역
우리나라 전역에서 텃새로 서식한다.

동고비는 주로 곤충과 거미류, 과일, 씨앗을 먹는다. 나무껍질의 틈 등에 먹이를 저장하는 습성이 있다.

긴꼬리딱새는 그늘이 많은 숲에 서식한다. 날아다니는 곤충을 낚아채거나 나뭇가지 끝에 있는 벌레를 정지비행하여 잡기도 한다.

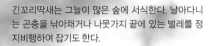

긴꼬리딱새 (참새목 긴꼬리딱새과)
학명: *Terpsiphone atrocaudata*
영명: Black Paradise Flycatcher
몸길이: 수컷 약 45cm, 암컷 약 18cm
분포: 동남아시아 일대, 한반도 남부와 일본
우리나라에서는 제주도와 남부 지방에 여름새로 찾아온다.

상모솔새 (참새목 상모솔새과)
학명: *Regulus regulus*   **영명:** Goldcrest
몸길이: 약 10cm
분포: 서유럽, 중앙아시아, 히말라야, 시베리아 동부, 동북아시아
우리나라 중부 이남에서는 겨울새, 중부 이북에서는 나그네새로 찾아오며 고산지대의 침엽수림에 서식한다.

상모솔새는 침엽수림에 있는 것을 좋아한다. 나뭇가지를 옮겨 다니며 나방의 유충과 같은 곤충이나 거미류를 먹는다.

평지·초원에서 볼 수 있는 새

딱새는 주로 곤충과 거미류를 먹는다. 겨울 동안에는 피라칸타나 사스레피나무 등의 열매도 잘 먹는다.

딱새 (참새목 솔딱새과)

학명: *Phoenicurus auroreus*
영명: Daurian Redstart
몸길이: 약 14cm   **분포:** 러시아, 중국, 일본
우리나라에서는 제주도와 울릉도를 제외하고 전국에서 번식한다.

황조롱이가 크게 날개를 펴고 정지비행을 하다가
급강하여 사마귀를 사냥했다.

황조롱이 → 51쪽

붉은뺨멧새는 번식기에 곤충류와 거미류를 먹
고, 가을과 겨울에 걸쳐서는 벼과나 마디풀, 식물
의 열매, 씨앗을 먹는다.

붉은뺨멧새 (참새목 멧새과)
학명: *Emberiza fucata*
영명: Gray-headed Bunting
몸길이: 약 16cm **분포:** 중국, 일본, 동남아시아
한반도 전역에서 번식하는 여름새이며 나그네새다.
남부 지방에서는 일부 월동하기도 한다.

흰배지빠귀는 어두운 수풀이나 낙엽 위에서 곤충이나 지렁이 등을 먹거나 나무 열매를 먹는다.

흰배지빠귀 (참새목 지빠귀과)
학명: *Turdus pallidus*   **영명:** Pale Thrush
몸길이: 약 25cm **분포:** 시베리아 동남부, 아무르,
중국 동북 지방, 우수리, 한국, 일본 혼슈 남서부
우리나라에는 봄과 가을에 찾아오는 나그네새이자
중부 이남에서 번식하는 여름새다. 일부는 겨울을
나기도 한다.

흰뺨검둥오리 (기러기목 오리과)
학명: *Anas poecilorhyncha*
영명: Eastern Spot-billed Duck   **몸길이:** 약 61cm
분포: 시베리아 동남부, 중국, 일본, 한국, 몽골 등
우리나라에서 흔히 번식하는 유일한 여름 오리이자 텃새다.

흰뺨검둥오리는 풀잎, 싹, 씨앗 등을 주로 먹
는다. 물방개나 우렁이와 같은 저서생물도 먹
는다.

긴꼬리홍양진이 (참새목 되새과)
학명: *Uragus sibiricus*
영명: Long-tailed Rosefinch
몸길이: 약 15cm **분포:** 동아시아
한반도 북부에서 번식하는 흔한 텃새로,
남부 지방에는 불규칙적으로 찾아오는 겨울새다.

긴꼬리홍양진이는 번식기에는 곤충을 먹지
만, 가을부터 겨울에 걸쳐서는 수풀을 날아다
니며 식물의 씨앗과 열매를 먹는다.

검은머리방울새 (참새목 되새과)
학명: *Carduelis spinus* **영명:** Siskin
몸길이: 약 13cm **분포:** 유럽 및 구북구
우리나라에는 겨울새로 찾아와 산지 숲에서 월동한다.

검은머리방울새는 번식기 이외에는 무리 지어 생활하
며, 식물의 씨앗과 싹, 열매 등을 먹는다. 곤충을 먹기도
한다.

강·호수·늪에서 볼 수 있는 새

백할미새는 수서곤충과 작은 벌레, 거미, 지렁이 등을 먹는다. 정지비행을 하며 잠자리나 나방을 잡아먹는 모습도 볼 수 있다.

백할미새 〔참새목 할미새과〕

학명: *Motacilla alba lugens*

영명: White Wagtail   **몸길이**: 약 21cm

분포: 캄차카반도 남부, 코만도르스키예제도, 쿠릴열도, 사할린섬, 우수리, 일본 북부

우리나라에서는 강가나 해안, 계곡에 이르기까지 폭넓게 서식하는 겨울새다.

민물가마우지는 물에 잠수해 날카로운 부리로 물고기를 잡아먹는다.
약 10m 깊이까지 잠수하기도 한다.

민물가마우지 (사다새목 가마우지과)
학명: *Phalacrocorax carbo*
영명: Great Cormorant **몸길이:** 약 82cm
분포: 아프리카, 오스트레일리아, 북아메리카
우리나라에서는 매우 흔한 겨울새로 내륙 일부
지역에서 드물게 번식한다.

고니 (기러기목 오리과)
학명: *Cygnus columbianus*
영명: Tundra Swan **몸길이:** 약 120cm
분포: 유라시아 대륙 북부, 알래스카, 캐나다 북부
우리나라에서는 겨울철에만 볼 수 있는 겨울새이며
중부 이남, 동해, 남해에서 관찰된다.

고니는 대부분 가족 단위로 생활한다. 호수와 늪지에
서는 수초의 잎이나 줄기, 뿌리를 먹으며 논에서는 이
삭이나 잡초의 뿌리를 먹는다.

덤불해오라기 (황새목 백로과)
학명: *Ixobrychus sinensis*
영명: Chinese Little Bittern **몸길이:** 약 37cm
분포: 유라시아 대륙 동남부, 동아시아
우리나라에서는 강 하구, 담수호, 하천 등지에서
번식하는 흔한 여름새다.

덤불해오라기는 주로 곤충과 물고기, 개구리,
새우를 먹는다. 물가나 식물 사이에서 먹잇감
을 기다리고 있다가 목을 늘여 잡아먹는다.

물닭은 기본적으로 수상생활을 하면서 수초나
씨앗, 작은 물고기 등을 먹는다. 또한 새의 알,
새끼새, 곤충, 연체동물도 먹는다.

물닭 (두루미목 뜸부기과)
학명: *Fulica atra* **영명:** Common(Eurasian) Coot
몸길이: 약 39cm
분포: 유라시아 대륙, 인도, 오스트레일리아 등
우리나라에서는 흔한 겨울새다.

물꿩 (도요목 물꿩과)

학명: *Hydrophasianus chirurgus*

영명: Pheasant-tailed Jacana

몸길이: 약 55cm

분포: 인도, 동남아시아, 인도네시아, 대만 등
우리나라 남부 지역에 나타나는 보기 드문 나그네새로,
제주도에서 번식이 확인된 바 있다.

물꿩은 연꽃 등 수면에 떠 있는 수생식물의
잎 위를 유유히 걸어다니며 곤충, 개구리,
물고기 등을 잡아먹는다.

꼬마물떼새 (도요목 물떼새과)

학명: *Charadrius dubius*

영명: Little Ringed Plover   **몸길이:** 약 16cm

분포: 유라시아, 아프리카, 오스트레일리아
우리나라에서는 전국에서 볼 수 있는 여름새다.

꼬마물떼새는 지그재그로 걷기와 멈추기를 반복
하며 소형 수서곤충과 지렁이 등을 잡아먹는다.

해안·먼바다에서 볼 수 있는 새

물속으로 다이빙하여 물고기를 잡은 쇠제비갈매기.
수컷이 암컷에게 먹이를 선물하고 있다.

쇠제비갈매기 → 61쪽 참고

136

물수리 → **50쪽 참고** 뛰어난 사냥꾼 물수리. 물수리는 정지비행을 하면서 먹잇감을 발견하면 재빨리 낙하하여 두 발로 움켜쥔다.

개펄은 갯벌을 걸으며 갯지렁이, 조개, 게 등을 찾는다. 사진 속 개펄은 물웅덩이가 마르기를 기다렸다 물고기를 잡아먹고 있다.

개펄 (도요목 물떼새과)
학명 : *Pluvialis squatarola*
영명 : Grey Plover   **몸길이** : 약 29cm
분포 : 북아메리카 북부, 유라시아 대륙 북부
우리나라에 나그네새로 찾아와 서해와 남해에서
겨울을 나는 겨울새다.

검은머리물떼새는 길고 뾰족한 부리를 갯벌 진흙에 깊숙이 넣어 게나 갯지렁이류를 잡아먹는다. 조개류를 먹을 때는 껍데기 사이에 부리를 넣고 비틀어 속살을 먹는다.

검은머리물떼새 (도요목 검은머리물떼새과)
학명: *Haematopus ostralegus*
영명: Eurasian oystercatcher **몸길이:** 약 45cm
분포: 캄차카반도, 중국(북부), 사할린섬 등지
우리나라 해안가 주변에서 서식하는 텃새로, 천연기념물로
지정되었다. 서남해안의 도서 지역에서 번식하고, 겨울에는
해안과 갯벌에 서식한다.

괭이갈매기는 해안가를 날아다니며 먹이 활동을 한다. 예리한
눈빛으로 물고기, 양서류, 곤충, 동물의 사체 등을 찾는다.

괭이갈매기 → **64쪽 참고**

꼬마갈매기 (도요목 갈매기과)

학명: *Hydrocoloeus minutus*
영명: Little Gull   **몸길이:** 약 26cm
분포: 유럽 북부와 아시아에서 번식기를 나며 겨울이 되면 유럽 서부 해안, 지중해 연안으로 이동

우리나라에는 미조로 찾아오며 해안가, 호수, 하천 등지에 서식한다.

꼬마갈매기는 이름 그대로 갈매기류 중에서 가장 작은 종이다. 물고기나 새우, 게 등을 먹는다.

흰수염바다오리는 번식기에 윗부리 쪽에 돌기가 난다. 잠수에 능하며 까나리, 멸치 등의 작은 물고기와 오징어를 잡아먹는다.

흰수염바다오리 (도요목 바다오리과)

학명: *Cerorhinca monocerata*
영명: Hornbilled Puffin   **몸길이:** 약 38cm
분포: 한국, 일본, 사할린, 오호츠크해, 아무르, 알래스카, 캘리포니아

우리나라에서는 흔하지 않은 겨울새이며 북부 지역 동해상과 서해상 무인도에서 번식한다.

열매가 열리는 나무

개똥지빠귀와 먼나무

곤줄박이와 때죽나무

참새와 산뽕나무

직박구리와 이나무

검은머리방울새와 참느릅나무

이제 막 탐조를 시작한 사람 또는 외출했을 때 새를 만나고 싶은 사람이라면 새들이 열매를 먹으러 오는 나무에 관해 알아두면 좋다. 어쩌면 새들을 만날 수 있는 기회가 늘어날지도 모른다. 같은 종류의 나무에 똑같이 열매가 달렸는데도 어떤 나무에는 새가 오고, 어떤 나무에는 오지 않는다면, 그 이유에 대해서도 생각해 보자.

이 장의 내용

이 장에서는 새가 열매를 먹기 위해 자주 찾는 나무들을 소개한다. 대부분 열매가 달리는 시기의 사진을 싣고 있으므로 그 외의 계절에는 조금 인상이 다를 수도 있다. 다른 계절에는 어떤 모습일까? 시간이 될 때 직접 관찰해 보는 것도 추천한다.

동박새와 야생 감나무

되새와 홍가시나무

가막살나무 | 인동과

학명 : *Viburnum dilatatum*

식용으로도 쓰이는 붉은 열매

우리나라 경기도, 충청도, 전라도, 경상도 지역에 분포하며 산지 계곡 주변에서 자라는 낙엽 활엽 관목이다. 9월~10월에 붉게 익는 열매는 새콤달콤하며 무를 절일 때 사용하는 등 식용으로도 사용한다. 새들은 대략 1월 즈음에 열매를 먹기 시작한다.

가막살나무 열매는 혹한기에 동박새가 먹고, 다른 새들은 좀처럼 먹지 않는다.

감나무 | 감나무과

학명 : *Diospyros kaki*

직박구리

단감도 떫은 감도 새에게 인기 만점

우리나라 중남부 지방, 경기도 이남에서 재배되고 있는 낙엽 활엽 교목이다. 5월~6월에 담황색의 꽃을 피운다. '감'이라고 불리는 열매는 9월~12월에 익고 단감과 떫은 감이 있다. 새는 11월 하순부터 단감을 먹기 시작하고, 떫은 감은 서리를 맞아 떫은맛이 빠진 후에 먹는다.

감나무 열매는 까마귀류, 비둘기류, 딱따구리류, 지빠귀류, 직박구리, 찌르레기, 참새 등 많은 새에게 인기가 있다.

갯버들 | 버드나무과

학명 : *Salix gracilistyla*

진박새

봄의 전령

전국 각지의 물가에 자생하는 낙엽 활엽 관목이다. 3월~4월에 나오는 은백색 털에 싸인 꽃이삭이 강아지를 닮아 '버들강아지'라고도 부른다. 다른 버드나무류보다 한발 앞서 꽃이 피어 봄을 알리는 나무로 알려져 있다.

봄에 갯버들 주변에서 황여새, 오색딱따구리, 검은머리방울새, 박새, 상모솔새, 곤줄박이, 오목눈이 등이 자주 관찰된다.

겨우살이 | 겨우살이과

학명 : *Viscum album*

새의 둥지 모습을 한 기생 관목

우리나라 전국적으로 분포하고 있으며 참나무, 물오리나무, 밤나무, 팽나무 등의 낙엽 활엽수에 반 기생하는 상록 활엽 관목이다. 숙주의 나뭇가지에 늘어져 둥근 단괴 형태의 그루를 생성한다. 열매는 11월경부터 씨앗에 따라 흰색, 연한 노란색, 빨간색의 열매가 익는다. 새는 1월 즈음부터 열매를 먹는다.

겨우살이 열매는 홍여새류, 직박구리, 찌르레기 등이 먹는다.

곰의말채나무 | 층층나무과

학명 : *Cornus macrophylla*

제비딱새

층층나무보다 늦게 꽃이 피는 근연종

우리나라 충청도, 전라도, 경상도, 울릉도 지역에 분포하는 교목이다. 층층나무와 매우 비슷하지만, 층층나무는 잎이 서로 엇갈려 나는 어긋나기 유형인데 비해 곰의말채나무는 마주나기 유형이다. 개화 시기가 층층나무보다 약 1개월 정도 늦고, 열매의 씨앗에 구멍이 없는 것도 다른 점이다.

곰의말채나무 열매는 청딱따구리나 쇠딱따구리 등 딱따구리류, 딱새류, 지빠귀류, 찌르레기 등에게 인기가 있다.

광나무 | 물푸레나무과

학명 : *Ligustrum japonicum*

열매가 쥐똥같이 생긴 나무

우리나라에서는 주로 남부 지방에 자생하는 상록 활엽 교목이다. 11월경이 되면 열매가 완전히 여물어 검게 변한다. 열매의 모양은 쥐의 똥처럼 생겨 쥐똥나무와 비슷한데, 형태와 잎은 감탕나무와 유사하다. 건조한 열매는 '여정자(女貞子)' 또는 '여정실(女貞實)'이라고 하며 예로부터 한의학에서 한약으로 활용되었다.

광나무 열매를 먹기 위해 직박구리, 동박새, 개똥지빠귀 등이 찾아온다. 열매는 7~10mm 정도의 타원형 모양이다.

노박덩굴 | 노박덩굴과

학명 : *Celastrus orbiculatus Thunb*

열매가 익으면 빨간색 씨앗이 나온다

산이나 숲에서 자라는 덩굴 나무다. 도시 지역에 심기도 하며 다른 나무나 울타리를 타고 올라가 자란다. 열매는 익으면 열매껍질이 터지면서 씨를 퍼뜨리는 삭과로 10월경에 누렇게 익는다. 새는 열매의 껍질이 터지고 속에서 드러나는 짙은 붉은색의 씨앗을 먹는다.

노박덩굴 씨앗은 지빠귀류, 직박구리, 물까치, 멋쟁이새, 동박새, 쇠딱따구리, 멧비둘기 등이 잘 먹는다.

다래 | 다래나무과

학명 : *Actinidia arguta*

키위 모양의 열매가 열리는 나무

산이나 숲속에서 자라는 덩굴 나무다. 열매는 털이 없는 작은 키위 모양이며 맛도 키위와 비슷하게 새콤달콤한 맛이 난다. 열매는 10월 말경에 익으며, 까마귀류가 먹기 시작한다.

다래 열매는 까마귀류, 흰배지빠귀, 흰눈썹붉은배지빠귀 등이 먹는다.

다정큼나무 | 장미과

학명 : *Rhaphiolepis indica*

대기오염과 더위에 강한 상록수

우리나라 제주와 전남, 경남 지역에 분포하는 상록활엽 관목이다. 대기오염과 더위에 강하여 도로의 녹지대와 공원 등에 심는다. 4월~6월에 흰 꽃을 피우고 9월~10월이 되면 열매가 검은 자주색으로 익는다. 나뭇가지가 수레바퀴처럼 갈라져 나고 꽃은 매화를 닮았다.

다정큼나무 열매는 주로 직박구리, 개똥지빠귀, 흰배지빠귀 등이 먹는다. 열매는 먹을 수 있는 부분이 적어 식용에는 적합하지 않다.

모두가 좋아하는 도토리

햇살 좋고 선선한 가을에 산에 오르면 다람쥐나 청설모가 열심히 도토리를 주워 먹는 모습을 볼 수 있다. 도토리는 아이나 어른이나 발견하면 일단 줍고 보는 나무 열매다. 도토리는 참나무과에 속하는 열매를 통틀어 일컫는 말이다. 그중 밤나무, 너도밤나무 외에 좀 더 한정하여 참나무과에 속하는 가시나무류, 참나무류 등의 열매를 가리키는 경우도 있다. 참나무의 종류에 따라 도토리의 모양도 조금씩 다르다. 도토리가 열매를 싸고 있는 뚜껑을 '각두' 또는 '깍정이'라고 하는데, 그 모양이나 크기가 둥글기도 하고 길쭉하기도 하고 제각각이다.

도토리는 다람쥐를 비롯해 곰이나 들쥐, 멧돼지 등 많은 동물의 귀한 겨울 먹거리다. 도토리를 좋아하는 대표적인 새로는 어치를 꼽을 수 있다. 어치는 도토리를 부지런히 옮겨 둥지에 저장한다. 하지만 다 먹지 못하고 꼭 남기기 마련이므로 이런 습성 덕에 도토리의 씨앗이 널리 퍼지게 된다.

녹색비둘기

곤줄박이

주로 구실잣밤나무와 종가시나무의 도토리를 먹는 녹색비둘기. 특히 곤줄박이는 도토리 씨앗을 퍼트리는 데 큰 역할을 한다.

닥나무 | 뽕나무과

학명 : *Broussonetia × kazinoki*
동박새

열매는 달지만, 식감은 별로

우리나라 전국에 분포하며 산기슭의 양지쪽이나 밭둑에서 자라는 낙엽 떨기나무다. 열매는 달지만, 가시털이 있어서 먹으면 입안과 혀가 찔릴 수 있어 위험하다. 닥나무는 나무껍질의 섬유가 길고 질겨서 창호지나 표구용 화선지, 한지 등을 만드는 데 사용된다.

닥나무 열매는 까마귀류, 지빠귀류, 직박구리, 동박새, 물까치, 찌르레기 등이 자주 쪼아 먹는다.

단풍나무 | 단풍나무과

학명 : *Acer palmatum*
멋쟁이새

단풍으로 유명한 낙엽수

우리나라에 자생하는 낙엽 활엽 교목으로 잎은 갈래가 깊은 종과 얕은 종이 있다. 단풍나무 열매는 열매의 껍질이 날개처럼 되어 바람을 타고 멀리 흩어지는 시과이며 9월~10월에 익는다. 나무에서 월동하는 진딧물류를 노리고 상모솔새나 진박새 등이 찾아온다.

단풍나무 열매는 되새과의 콩새, 큰부리밀화부리, 밀화부리를 중심으로 박새나 곤줄박이, 멋쟁이새 등이 먹는다.

돈나무 | 돈나무과

학명 : *Pittosporum tobira*

새를 불러들이는 붉은 열매

우리나라에서는 전라남도와 경상남도에 있는 섬과 제주도 바닷가에서 자생하는 상록 활엽 관목이다. 열매는 가을에 여물어 세 개로 갈라지고 속에서 붉은 점액에 싸인 씨앗이 드러난다. 이 점액 덕분에 새의 부리에 껍질이 달라붙어 씨앗이 멀리 퍼질 수 있다.

돈나무 열매에는 직박구리, 찌르레기, 동박새, 개똥지빠귀, 박새, 붉은배지빠귀 등이 모여든다.

때죽나무 | 때죽나무과

학명 : *Styrax japonicus*

때죽나무 열매는 멧비둘기나 곤줄박이가 좋아한다.

열매껍질에 독이 있는 나무

산과 들의 낮은 지대에서 자라는 낙엽 활엽 소교목으로 높이는 10m 내외다. 우리나라와 중국, 일본에 분포한다. 5월에서 6월경에 종 모양으로 흰 꽃이 피고, 9월~10월에 열매가 익는다. 열매는 익으면 껍질이 터져서 씨앗이 드러난다. 껍질에는 독이 있지만, 곤줄박이는 두 발로 능숙하게 껍질을 까서 열매를 먹는다.

마가목 | 장미과

학명 : *Cornus macrophylla*

마가목 열매는 까마귀류, 되새류, 홍여새류, 개똥지빠귀, 직박구리, 찌르레기, 방울새, 멋쟁이새 등이 먹는다.

계절마다 볼거리가 있는 수목

우리나라 중부 이남의 산지에서 자생하는 낙엽성 관목이다. 초여름에는 흰 꽃이 피고, 가을에는 단풍이 든다. 겨울에는 붉은 열매가 열려 사계절 내내 볼거리가 풍성해 거리와 공원에도 자주 심는다. 열매는 9월경부터 붉게 물들기 시작하지만 새는 11월 이후부터 먹는다.

마름 | 마름과

학명 : *Trapa japonica*

마름 열매는 큰기러기, 고니, 고방오리, 알락도요, 논병아리 등이 즐겨 먹는다.

물새들이 씨앗을 퍼뜨리는 식물

우리나라 전국의 연못이나 늪에 자생하는 한해살이풀이다. 7월~10월에 흰 꽃이 피고, 가을이 되면 물속으로 가라앉아 날카로운 가시를 지닌 열매를 만든다. 마름 열매를 좋아하는 큰기러기나 근처를 지나는 새의 몸에 이 가시가 붙어 씨앗을 퍼뜨리게 된다.

먼나무 | 감탕나무과

학명 : *Ilex rotunda*

붉은 열매를 맺는 가로수

우리나라 남해안의 섬과 제주도 숲에 많이 서식하는 상록 활엽 교목이다. 붉고 작은 열매는 핵과로, 11월에서 2월까지 붉게 익는다. 새들은 2월경에 먹기 시작하며 먹이가 적은 해에는 동박새나 딱새 등도 먹는다.

먼나무 열매는 홍여새류, 지빠귀류, 까마귀류, 직박구리, 동박새, 딱새 등이 먹는다.

멀구슬나무 | 멀구슬나무과

학명 : *Melia azedarach*

약용으로 많이 쓰이는 나무

우리나라 전라남도, 경상남도, 제주도 등지에서 자생하는 낙엽 활엽 교목이다. 열매는 방충제로, 뿌리껍질은 구충제로 쓰이기도 한다. 10월~12월에 열매가 익지만 새는 12월 이후에 먹는다. 사람이나 개가 먹으면 식중독에 걸리며 섭취량이 많으면 사망에 이를 수도 있다.

멀구슬나무 열매는 주로 직박구리, 찌르레기, 까마귀류가 먹고 먼 지역으로 씨앗을 운반한다.

무화과나무 | 뽕나무과

학명 : *Ficus carica*

동박새

새들이 매우 좋아하는 과일

아라비아 남부가 원산지이며 기원전부터 재배되던 낙엽 활엽 교목이다. 한국에는 1900년대에 유입되었다. 작은 꽃이 많이 들어 있는 화낭이 과낭이 되고, 이것이 이른바 열매가 된다. 무화과는 한자로 '無花果'라고 쓰는데 꽃을 피우지 않고 열매를 맺는 것처럼 보이는 데서 유래했다.

무화과에 열매가 열리기 시작하면 까마귀류, 찌르레기, 직박구리, 물까치, 동박새 등이 날아와 쪼아 먹는다.

보리수나무 | 보리수나무과

학명 : *Elaeagnus umbellata*

단단하고 쓴맛이 나는 열매지만 새들에게 인기 만점

우리나라 양지바른 들판이나 강변, 숲길 옆에 군생하는 낙엽 활엽 관목이다. 10월~ 11월에 열매가 붉은색으로 여물면 먹을 수 있지만, 타닌이 많고 떫은맛이 강해서 과실주를 담가 지사제 등으로 사용한다.

보리수나무 열매는 멧비둘기, 직박구리, 개똥지빠귀, 방울새, 찌르레기, 동박새, 물까치 등이 먹는다.

붉나무 | 옻나무과

학명 : *Rhus chinensis*

흰배지빠귀

잎자루에 날개가 있는 것이 특징

우리나라와 일본, 중국 등에 분포하며 산지에서 자라는 낙엽 활엽 소교목이다. 잎자루에 날개가 있는 것이 특징이다. 10월~ 11월에 열매가 익으면 짠맛이 나며 설사나 기침을 멎게 하는 약으로 쓰이기도 한다. 새는 12월경부터 열매를 먹기 시작한다.

붉나무 열매는 꿩류, 되새류, 지빠귀류, 긴꼬리꿩, 큰부리밀화부리 등 많은 새에게 인기가 있다.

산벚나무 | 장미과

학명 : *Prunus sargentii Rehder*

물까치

예로부터 많은 사랑을 받아온 나무

러시아, 일본, 한반도 백두대간에 서식하는 낙엽 활엽 교목이다. 열매는 5월~6월에 검은 보라색으로 여무는데, 새들은 열매가 완전히 익어 붉은빛을 띨 때부터 먹는 경우가 많다. 땅에 떨어진 열매는 꿩 등이 먹는다.

산벚나무 열매는 까마귀류, 지빠귀류, 꿩류, 찌르레기, 직박구리, 동박새, 오목눈이 등 많은 새에게 인기가 있다.

여러 새가 좋아하는 피라칸타

일반적으로 불리는 '피라칸타'라는 이름은 피라칸타속에 속한 여러 종을 가리키는 호칭이다. 피라칸타는 라틴어로 'Pyr(불)'+'akanthos(가시)'를 뜻하며 영어로는 '불의 가시(Firethorn)'를 뜻한다. 열매가 불처럼 붉고 줄기에 가시가 있어서 그런 이름이 붙었다고 한다. 비교적 잘 자라서 정원수와 울타리로 인기가 있는 장미과의 상록 관목이다.

우리나라에는 피라칸타 중에서도 주황색 열매를 맺는 '앙구스티폴리아'를 흔히 심는다. 또한 붉은 열매를 맺는 '콕키네아 →156쪽 참고 '와 '크레눌라타' 등이 있다. 봄의 끝 무렵에서 초여름에 걸쳐 새하얀 작은 꽃을 피우고, 가을에서 겨울까지는 잎의 초록과 아름다운 대비를 이루는 열매가 빼곡히 달린다. 나뭇가지에는 잔가시가 있으며 열매가 푸른 시기에는 과육이 독성을 지니지만, 씨앗이 익어 색이 들면 독성이 약해진다. 12월에 접어들 무렵부터 열매를 먹기 위해 홍여새, 찌르레기, 개똥지빠귀, 방울새 등이 찾아온다.

바다직박구리

딱새

바다직박구리와 딱새가 붉은 열매를 먹으러 왔다! 또 어떤 새를 만날 수 있을까?

산뽕나무 | 뽕나무과

학명 : *Morus bombycis*

큰부리까마귀

새가 좋아하는 달콤한 열매가 열리는 나무

우리나라 야생에서는 산뽕나무, 돌뽕나무, 몽고뽕
나무 등이 자란다. 뽕나무는 예전부터 귀하게 여겨
집 주변이나 마당에 많이 심었으며, 잎은 양잠용 누
에의 먹이로 주었다. 집합과인 열매는 '오디'라 부르
는데, 6월~7월에 맛있게 익으며 붉은색에서 검은
색으로 변한다.

딱따구리류, 지빠귀류, 찌르레기, 오색딱따구리,
물까치, 검은이마직박구리 등이 열매를 먹기 위
해 산뽕나무를 찾아온다.

소나무 | 소나무과

학명 : *Pinus densiflora*

쇠박새

솔방울이 열리는 침엽수

소나무속은 중생대 백악기부터 신생대를 거쳐 현
재까지 한반도 전역에서 가장 성공적으로 적응한
종이다. 현재도 북부 고산지대부터 제주도 해안가
에 이르기까지 널리 분포한다. 소나무속에 속하는
식물의 씨앗은 주로 솔잣새나 진박새가 먹고, 전나
무속에 속하는 식물의 씨앗은 검은머리방울새 등
이 먹는다.

씨앗은 솔잣새, 검은머리방울새 등의 되새류, 멧
새류, 동고비, 진박새 등의 박새류에게 인기가
있다.

싸리 | 콩과

학명 : *Lespedeza bicolor*

양진이

양진이가 찾아오는 나무

우리나라 산지에 자라는 낙엽 활엽 관목이다. 관상
용으로 심기도 하지만 정원수나 공원수로도 많이
심는다. 열매는 10월~11월에 갈색으로 익지만 새
는 12월이 되어서야 먹으러 온다. 특히 되새류인 양
진이가 자주 먹으러 온다.

열매는 되새류, 멧새류, 섬촉새, 쑥새 등이 좋아한다.

예덕나무 | 대극과

학명 : *Mallotus japonicus*

큰오색딱따구리

제주도에서는 큰오색딱따구리에게 인기

우리나라에서는 제주도와 서남해안 바닷가의 평지나 산지에 서식하는 낙엽 활엽 소교목이다. 새싹은 붉고 잎이 떡갈나무처럼 커진다. 열매는 삭과로 세모꼴의 공 모양이며 8월 중순에서 10월 초에 여물고, 세 개로 갈라진 다음 다시 두 개로 갈라진다.

제주도에서는 큰오색딱따구리와 까마귀 등이 예덕나무의 열매를 먹는다.

오구나무 | 대극과

학명 : *Triadica sebifera*

찌르레기

사람에게는 해로운 독성이 있지만 새에게는 무해

중국이 원산지인 낙엽 교목으로, 가을에 단풍이 들어 거리나 공원 등에 심는다. 10월~11월에 열매가 흑갈색으로 여물고, 더 추워지면 속에서 흰 씨앗이 나타난다. 이 씨앗은 사람에게는 해로운 피부병과 설사 등을 일으키지만 새들은 먹어도 무해하다.

오구나무 열매는 되새류, 지빠귀류, 직박구리, 동박새, 멧비둘기, 딱새, 콩새, 참새 등 많은 새에게 인기가 있다.

용나무 | 뽕나무과

학명 : *Ficus superba*

검은이마직박구리

작은 새들이 씨앗을 퍼뜨리는 나무

중국과 일본 등 온난하고 다습한 아열대 지역에서 잘 자라는 나무다. 해안의 바위나 석회지에서 자생한다. 다른 식물이나 바위 등을 휘감아 오르며 성장하는 '교살목'으로도 유명하다. 5월경 무화과와 비슷한 열매를 맺으며 씨앗은 새들이 널리 퍼뜨린다.

용나무 열매는 동박새, 잿빛쇠찌르레기, 숲새, 흰배지빠귀, 직박구리, 쇠딱따구리 등 많은 새에게 인기가 있다.

우묵사스레피 | 차나무과

학명 : *Eurya emarginata*

독특하고 강한 향기가 나는 흰 꽃나무

우리나라 남부 지방과 울릉도, 제주도에 분포하는
상록 활엽 관목이다. 같은 속의 사스레피나무보다
잎이 둥글고, 두툼하며 광택이 있다. 10월~12월
에 피는 흰 꽃은 가스 냄새가 나 소동이 벌어지기도
한다. 둥근 열매는 이듬해 늦가을부터 겨울에 걸쳐
검게 익는데 많은 새가 모여든다.

우묵사스레피 열매는 바다직박구리, 방울새, 검
은머리방울새, 쑥새, 멋쟁이새, 흰배지빠귀, 개똥
지빠귀, 동박새 등이 즐겨 먹는다.

이나무 | 이나무과

학명 : *Idesia polycarpa*

남천을 닮은 붉은 열매가 특징

우리나라에서는 내장산 이남의 산지에 자생하는
낙엽 활엽 교목이다. 가을부터 겨울까지 여무는 붉
은 열매는 남천과 비슷하다. 직박구리가 열매를 쪼
아 먹는 모습이 자주 관찰된다.

직박구리, 찌르레기 등이 이따금 이나무 열매를
먹는다.

일본목련 | 목련과

학명 : *Magnolia obovata*

자생 수목 중 가장 큰 잎과 꽃

일본산이며 관상용으로 정원이나 공원에 심는다.
5월~6월에 가지 끝에 노란색의 큰 꽃이 핀다. 그
후 9월~11월에 걸쳐 길이 10~15cm의 타원형 열
매가 달린다. 도깨비 방망이 같은 열매가 여물어 세
로로 갈라지고 속에서 붉은 씨앗이 나타나면 오색
딱따구리 등이 먹기 위해 찾아온다.

큰부리까마귀

열매는 딱따구리류, 딱새류, 박새류, 청딱따구리,
오색딱따구리, 쇠딱따구리, 큰유리새 등 많은 새
가 먹는다.

작살나무 | 마편초과

학명 : *Callicarpa japonica*

동박새

붉은 보라색 작은 열매가 열리는 나무

우리나라가 원산지이며, 주로 산에서 서식하는 낙엽 활엽 관목이다. 7월경에 엷은 보라색 꽃이 피고 11월에 붉은 보라색의 작은 열매가 여문다. 공원에서 흔히 볼 수 있는 나무로, 흰작살나무, 흰좀작살나무 등이 있다.

작살나무 열매는 지빠귀류, 직박구리, 딱새, 휘파람새, 동박새, 물까치, 방울새, 멧비둘기 등이 먹는다.

졸가시나무 | 참나무과

학명 : *Quercus phillyreoides*

숯(비장탄)을 만드는 나무

우리나라 남부 지방에서 정원수로 심어 기르는 상록 활엽 교목이다. 질이 우수하기로 유명한 비장탄의 원료로 알려져 있다. 암꽃 뒤에 생기는 견과(도토리)는 10월이면 갈색으로 익는데, 떫은맛을 제거하면 사람도 먹을 수 있다.

졸가시나무 견과는 어치가 자주 먹으며, 그 밖에 땅에 떨어진 것은 원앙이나 청둥오리 등도 즐겨 먹는다.

주목 | 주목과

학명 : *Taxus cuspidata*

씨에 독이 있지만 달달한 과육이 특징

우리나라 높은 산에서 자라는 상록 교목이다. 8월 ~9월에 열매가 붉게 익고, 찌르레기나 개똥지빠귀 등이 쪼아 먹는다. 잎과 씨앗 등 과육 이외의 기관에는 독이 있다.

주목 열매는 찌르레기, 개똥지빠귀, 곤줄박이, 홍여새류, 박새, 멧비둘기 외에 많은 새가 즐겨 먹는다.

찔레나무 | 장미과

학명 : *Rose multiflora*

한국의 대표 야생 장미

전국에 분포하며 숲 가장자리와 들판 또는 하천 근처에 자생한다. 9월~10월에 딱딱한 열매가 열리고 11월경에 붉게 여문다. 이 열매는 '영실(營實)'이라는 한약재로, 설사나 변비 치료에 사용한다.

찔레나무 열매는 꿩류, 되새류, 지빠귀류, 홍여새류, 멧비둘기 등이 즐겨 먹는다.

참느릅나무 | 느릅나무과

학명 : *Ulmus parvifolia*

겨울철 새들에게 요긴한 식량

우리나라 중부 이남 지역의 깊은 산속 계곡이나 맑은 물가, 밭둑에 주로 서식하는 낙엽 활엽 교목이다. 느티나무처럼 나무껍질이 얼룩덜룩하게 벗겨진다. 9월경에는 담황색의 양성화가 꽃을 피우고, 열매는 11월경에 타원형의 시과가 담갈색으로 익는다.

참느릅나무 열매는 주로 되새류가 먹는다. 느릅나무과 나무는 봄에 꽃이 피지만, 참느릅나무는 가을에 꽃이 핀다는 것이 특징이다.

참빗살나무 | 노박덩굴과

학명 : *Euonymus hamiltonianus*

쇠딱따구리

분홍 열매가 달리는 낙엽수

강원도, 경기도, 충청도, 전라도, 제주도 지역의 산기슭과 산 중턱, 하천 유역에 자생하는 낙엽 활엽 소교목이다. 가을이면 갈색빛이 도는 오렌지색으로 단풍이 든다. 품종에 따라 흰색에서부터 진홍색까지 각기 다른 네모난 열매가 맺힌다. 열매가 여물면 껍질이 터지고 붉은 씨앗이 드러난다. 새는 이 씨앗을 먹으러 온다.

딱따구리류, 지빠귀류, 박새류, 직박구리, 동박새, 큰오색딱따구리, 쇠박새 등이 참빗살나무의 붉은 씨앗을 먹는다.

층층나무 | 층층나무과

학명 : *Cornus controversa*

오목눈이

새가 좋아하는 열매 베스트 5에 드는 나무

우리나라의 산과 골짜기에서 자라는 낙엽 교목이다. 주로 공원수나 가로수로 심는다. 열매는 완두 정도의 크기로 위쪽에 달리며 색이 물들기 시작하는 7월경부터 까마귀류 등이 먹기 시작한다. 9월 경에는 열매가 검게 익는다.

층층나무 열매는 딱따구리류, 딱새류, 지빠귀류, 찌르레기, 직박구리, 동박새, 멧비둘기 외에 많은 새에게 인기가 있다.

콕키네아 | 장미과

학명 : *Pyracantha coccinea*

개똥지빠귀

11월 하순 이후로 새가 모여드는 나무

유럽 남부와 아시아 서부가 원산이며, 정원이나 공원 등에 널리 심지만 드물게 야생화로도 자란다. 5월~6월에 작고 하얀 꽃이 피고, 10월 하순에서 11월에 열매가 빨갛게 여문다. 새들은 11월 하순부터 열매를 먹는다.

홍여새류, 찌르레기, 지빠귀류, 딱새 등이 콕키네아 열매를 먹으러 오는 모습을 자주 볼 수 있다.

홍가시나무 | 장미과

학명 : *Photinia glabra*

되새

붉은 빛이 도는 잎이 아름다운 나무

상록 활엽 소교목으로 원산지는 일본, 중국이며 남부 지방에서 재배된다. 흔히 울타리나 정원수로 이용하며 봄에 붉은 기를 띠는 새잎이 나고, 10월경에 열매가 붉게 변한다. 하지만 열매는 아직 딱딱해서 1월에 큰부리까마귀나 물까치가 먹은 뒤에야 다른 새들도 먹기 시작한다.

홍가시나무 열매는 까마귀류, 물까치, 개똥지빠귀, 방울새, 동박새, 되새 등 많은 새가 즐겨 먹는다.

새들이 나무에 모이는 이유

나무는 새들에게 많은 것을 제공한다. 새는 나무 열매를 비롯해 나무의 싹, 꽃눈, 꽃잎, 꽃꿀을 섭취하며 나무줄기에서 나오는 수액을 먹는다. 그리고 수액을 먹으러 오는 곤충들을 잡아먹기도 하고, 나무껍질 밑에 은신처를 만들거나 보금자리를 만든다.

아래 사진은 겨울에 고로쇠나무와 단풍나무의 줄기에서 나오는 수액을 먹는 오목눈이와 흰머리오목눈이의 모습이다. 수액은 영양이 풍부하고 당분을 많이 함유하고 있어 새들에게 인기가 많다. 여름에 졸참나무, 상수리나무 등에서 나오는 수액은 하늘소나 꿀벌레나방 등이 줄기를 먹고 나올 때 생기거나 장수풍뎅이가 수액을 먹기 위해 만든 상처에서 나온다. 다시 말해, 새들은 수액도 먹고 곤충도 잡아먹기 위해 나무에 모여든다.

오목눈이

흰머리오목눈이

나무에서 나오는 수액을 먹기 위해 모여든 오목눈이와 흰머리오목눈이. 흰머리오목눈이는 정지비행을 하며 수액을 먹는 중이다. 겨울이 선사하는 아름다운 광경이다!

탐조 일기를 기록해 보자

자연에서 혹은 길을 걷다가 이름 모를 새를 발견했다면 '탐조 일기'에 기록해 보자. 발견한 대상을 잘 관찰하고, 발견 장소와 시간, 새롭게 알게 된 사실이나 의문이 드는 내용을 노트에 적는다.

스케치도 해 보자. 그림을 그리면서 미처 보지 못한 부분, 대상의 몸 구조나 특징 등을 이해할 수 있다. 전체 모습뿐 아니라 특히 마음에 드는 부분을 크게 그려두면 나중에 도감에서 찾을 때도 편리하다.

관찰 대상의 이름
생물이나 식물을 보았을 때 이름을 모른다면 일단 비슷한 이름을 써두는 것도 좋은 방법이다.

관찰한 날짜
관찰한 장소나 일시, 주변의 환경 등을 기록하면 관찰한 생물이 언제, 어떤 곳에 있었는지를 정확히 알 수 있다.

함께 있었던 사람도 적어두면 나중에 확인하고 싶은 것을 묻거나 새롭게 알게 된 내용을 전달할 수 있다.

관찰한 장소
시나 구, 동 같은 지역명이나 장소명을 자세히 기록한다.

주변환경
'벚꽃이 어느 정도 피어 있었다.' 등 당시에 본 것을 구체적으로 쓰도록 하자. 나중에라도 그 장소나 시기 등을 기억해 내기 쉽다.

날씨   크기   색   알게 된 사실
발견한 대상의 특징 외에 크기, 깃털 색, 생김새 등 자신의 감상이나 생각을 적거나 스케치한다.

▼ 여기에 기록하자 ▼

관찰 대상의 이름

관찰한 날짜   년   월   일   시간

관찰한 장소

주변환경

날씨   (기온   ℃)

크기   cm   색

알게 된 사실

관찰 대상의 이름

관찰한 날짜   년   월   일   시간

관찰한 장소

주변환경

날씨   (기온   ℃)

크기   cm   색

알게 된 사실

관찰 대상의 이름

관찰한 날짜   년   월   일   시간

관찰한 장소

주변환경

날씨   (기온   ℃)

크기   cm   색

알게 된 사실

관찰 대상의 이름

관찰한 날짜   년   월   일   시간

관찰한 장소

주변환경

날씨   (기온   ℃)

크기   cm   색

알게 된 사실

관찰 대상의 이름

관찰한 날짜　　　　　년　　　월　　　일　　　시간

관찰한 장소

주변환경

날씨　　　　　(기온　　　℃)

크기　　cm　　　　색

알게 된 사실

찾아보기

이 책에 등장하는 용어를 선별하여 정리했다. 해당하는 페이지에는 관련 내용이 실려 있다.

도움받은 자료

사진 출처

이리에 마사미

1951년 오사카 출생. 와카야마현립 자연박물관 동호회 회장. 쿠시모토해양공원, 야에야마해양공원연구소 재직 중에 수중사진을 시작했고, 그 후 와카야마현립 자연박물관 재직 중에 야생 조류의 촬영을 시작했다. 퇴직 후에도 와카야마현을 중심으로 촬영을 계속하고 있다.

[수록 작품] 제비딱새(143쪽), 매(9쪽), 뿔매(44쪽), 상사조(114쪽 오른쪽 아래), 황조롱이(129쪽)

고미야 데루유키

1947년 도쿄 출생. 1972년에 타마 동물공원에서 일하기 시작했다. 이후로 40여 년간 다양한 동물의 사육 관련 일에 종사했다. 2004년부터 2011년까지 우에노 동물원 원장, 일본 동물원수족관협회 회장, 일본 박물관협회 부회장을 역임했다. 2022년부터 일본 조류 보호연맹 회장, 현재는 집필과 촬영, 도감과 동물 프로그램 감수, 대학, 전문학교 강사 등을 맡고 있다. 동물 족탁 수집가이자 동물의 배설물을 찍는 사진작가이기도 하다. 동물 족탁 수집가이자 동물의 배

설물을 찍는 사진작가이기도 하다. 최근 저서에는 《사람과 동물의 일본사 도감》전 5권, 《366일의 탄생 새사전 − 세계의 아름다운 새−》, 《생물 사진관》전 4권, 《지식 가득 동물의 똥 도감》감수에 《일본의 참새》, 《새의 몸짓·행동 해설도감》, 《산의 뇌조》, 《누구의 몸일까?》 등이 있다.

[수록 작품] 갈라코카투(108쪽), 개똥지빠귀(140쪽, 156쪽), 고니(35쪽), 곤줄박이(110쪽 왼쪽 아래, 140쪽), 구리머리에메랄드벌새(60쪽), 굴뚝새(104쪽, 140쪽), 긴부리유황앵무(26쪽, 107쪽), 넓적부리(84쪽 오른쪽 아래), 댕기바다오리(99쪽), 동고비(126쪽), 동박새(5쪽), 동부긴부리꿀먹이새(90쪽), 딱새(150쪽), 리틀코렐라(106쪽), 멧비둘기(122쪽), 물닭(18쪽), 바다직박구리(150쪽), 바위종다리(122쪽), 분홍사다새(91쪽), 블래키스톤물고기잡이부엉이(55쪽), 상모솔새(127쪽), 쇠오리(85쪽, 123쪽), 쇠칼새(23쪽, 94쪽), 쑥독새(94쪽, 95쪽), 아프리카펭귄(19쪽, 99쪽), 오색앵무(108쪽), 오스트레일리아사다새(91쪽), 왕관앵무(107쪽), 왕대머리수리(47쪽), 우의앵무(108쪽), 제비(6쪽), 조롱이(46쪽), 줄무늬올빼미(56쪽), 진박새(142쪽), 진홍저어새(94쪽), 찌르레기(152쪽), 청둥오리(26쪽), 초록관밝은벌새(27쪽, 89쪽), 칠레홍학(91쪽), 큰소쩍새(56쪽), 홍머리오리(85쪽), 황로(83쪽), 황여새(120쪽), 회색머리아비(98쪽), 142~155쪽 수록 사진

다카하시 이즈미

1952년 도쿄 출생. 용기 회사를 정년퇴직한 뒤에 취미로 야생조류 촬영에 뛰어들었다. 특히 벌매의 개체간 차이에 매료되어 맹금류를 중심으로 촬영하고 있다. 《바로 구별할 수 있는 야생 조류 도감》 등 도감과 사진집에 작품이 실려 있다.

[수록 작품] 개개비사촌(표지), 검은머리물떼새(138쪽), 긴꼬리딱새(6쪽), 때까치(8쪽), 박새(120쪽), 벌매(11쪽), 쇠제비갈매기(6쪽), 오목눈이(156쪽) 장미목도리앵무(115쪽), 제비물떼새(71쪽 아래), 직박구리(표지, 141쪽), 큰소쩍새(57쪽), 팔색조(78쪽), 흰수염바다오리(139쪽)

169

쓰키야마 가즈요시

1965년 일본 후쿠오카 출생. 대학 1학년 때부터 하카타만 현장에서 야생조류를 관찰하기 시작하였고, 그 세계에 빠지게 되었다. 이후 본업과 병행해 40년 가까이 탐조와 촬영을 계속하고 있다.(좋아하는 도요새·물떼새류는 연령 식별용 사진을, 인간에게 친숙한 새는 생태나 표정을 촬영하고 있다.) 잡지《BIRDER》에 기고 및 각종 서적에 사진을 제공하고 있다. 사진 담당 서적으로는《일본의 도요·물떼새》,《새의 몸짓·행동 해설도감》이 있다.

[수록 작품] 개개비사촌(31쪽), 개꿩(137쪽), 검둥오리(86쪽), 검은머리흰죽지(87쪽), 괭이갈매기(96쪽, 138쪽), 꼬까도요(93쪽, 97쪽, 123쪽), 꼬마갈매기(139쪽), 넓적부리(25쪽, 84쪽 위·왼쪽 아래), 노랑발도요(93쪽), 때까치(113쪽), 마도요(92쪽), 물수리(50쪽), 바다비오리(86쪽), 바다직박구리(33쪽), 방울새(25쪽, 89쪽), 백할미새(132쪽), 벙어리뻐꾸기(125쪽), 송장까마귀(112쪽), 쇠백로(25쪽, 80쪽, 81쪽), 쇠오리(87쪽), 아비(표지, 100쪽), 왕눈물떼새(77쪽), 장다리물떼새(7쪽), 좀도요(18쪽, 92쪽), 큰뒷부리도요(93쪽), 큰부리제비갈매기(20쪽), 흰빰검둥오리(130쪽)

나카노 사토루

아이치현에 거주하며 주로 참새를 피사체로 한 사진을 Instagram(@Onakan_s)에 업로드한다. 2016년 발간한 첫 작품집《일본 참새 세시기》가 호평을 받았고, 이 책을 포함한《일본 참새》시리즈,《참새가 보내온 선물》,《참새 생활 달력》등에서 사진을 담당했다. 야생조류와 관련한 출판문, 웹사이트 등에도 참새 사진을 발표하고 있다.

Twitter:@aerial2009

[수록 작품] 참새(표지, 4쪽, 19쪽, 121쪽, 140쪽)

노구치 요시히로

1951년 나가사키현 출생. 소프트웨어회사에 재직하면서 취미로 야생조류 촬영을 시작해 약 500종의 새를 만난다. 일본조류보호연맹 회원으로, 연맹의 야생조류 캘린더 입상작품을 다수 보유하고 있다. 일본자연과학사진협회 회원이다. 2020년《매력적인 새들과 자연-쿠릴열도》를 출판했다.

[수록 작품] 갈까마귀·떼까마귀(116쪽), 갈색제비(69쪽), 검은딱새(5쪽), 검은머리방울새(141쪽), 검은이마직박구리(152쪽), 긴꼬리딱새(127쪽), 긴꼬리홍양진이(131쪽), 긴점박이올빼미(55쪽), 깍도요사촌(78쪽), 꼬마물떼새(135쪽), 넓적꼬리도둑갈매기

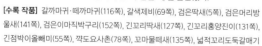

(62쪽), 노랑할미새(104쪽), 녹색비둘기(145쪽), 덤불해오라기(134쪽), 뒷부리도요(92쪽), 들꿩(126쪽), 때까치(8쪽 아래), 매사촌(124쪽), 멋쟁이새(146쪽), 물까치(149쪽), 물꿩(135쪽), 물닭(134쪽), 붉은빰멧새(129쪽), 블래키스톤물고기잡이부엉이(54쪽), 솔잣새(91쪽), 쇠딱따구리(155쪽), 쇠물닭(표지, 12쪽), 쇠부엉이(57쪽 아래), 쇠오색딱따구리(75쪽), 양진이(151쪽), 어치(125쪽), 오목눈이(156쪽), 오색딱따구리(72쪽), 오키나와딱따구리(75쪽), 왕새매(표지, 46쪽), 제비(25쪽, 68쪽), 제비물떼새(71쪽 위), 직박구리(142쪽), 큰군함조(62쪽), 큰부리까마귀(151쪽, 153쪽), 큰오색딱따구리(75쪽), 호사도요(7쪽), 황로(83쪽), 황조롱이(67쪽), 흰머리오목눈이(157쪽) 흰배지빠귀(130쪽, 149쪽)

미시마 카오루

1978년 사이타마현 출생. 2011년에 미에현으로 이주하면서 카메라로 야생의 새와 동물을 촬영하기 시작했다. 때로는 드라이브 취미를 살려 원정도 하면서 주로 중부 지방을 중심으로 피사체의 아름다움을 전한다는 목표를 가지고 촬영에 임한다. 사진 담당 서적으로는 《일본의 물총새》,《새의 몸짓·행동 해설 도감》이 있다.

[수록작품] 개개비(32쪽), 개똥지빠귀(79쪽), 검독수리(48쪽), 검은댕기해오라기(82쪽), 검은머리방울새(131쪽), 고니(133쪽), 곤줄박이(표지, 110쪽, 145쪽), 괭이갈매기(64쪽), 까마귀(63쪽, 65쪽), 넓적부리도요(94쪽), 댕기물떼새(76쪽), 동박새(119쪽, 141쪽, 148쪽, 154쪽). 되새(표지, 141쪽, 156쪽), 딱새(56쪽, 128쪽), 때까치(95쪽), 물까마귀(102쪽, 103쪽, 105쪽), 물수리(26쪽, 63쪽, 137쪽), 물총새(58쪽, 59쪽), 민물가마우지(24쪽, 133쪽), 뿔호반새(60쪽), 섬참새(120쪽), 솔개(49쪽, 66쪽, 67쪽), 쇠딱따구리(26쪽, 74쪽), 쇠부엉이(57쪽위), 쇠제비갈매기(61쪽, 136쪽), 어치(112쪽), 왜가리(88쪽), 일본청딱따구리(표지, 73쪽, 152쪽), 잣까마귀(30쪽, 111쪽), 재갈매기(89쪽), 잿빛개구리매(48쪽), 제비(22쪽, 94쪽), 직박구리(표지, 118쪽), 참매(52쪽), 참수리(45쪽, 65쪽), 콩새(56쪽), 큰유리새(95쪽), 호반새(10쪽), 화미조(114쪽), 황금새(70쪽), 황조롱이(51쪽, 95쪽)

환경성 제공

가면웃음지빠귀(117쪽), 상사조(114쪽 왼쪽 아래), 캐나다기러기(117쪽)

주요 참고문헌 (출간순)

《필드 가이드 일본의 야생조류》, 다카노 신지, 일본 야생조류회, 1982년
《BIRD BEHAVIOR 세계의 새 행동의 비밀》, 로버트 버턴, 일본어판 감수 야마기시 사토시, 오분샤, 1985년
《보는 야생조류기 4 때까치의 친구들》, 미즈타니 다카히데 그림, 일본야생조류회 편집, 아스나로쇼보, 1991년
《대자연의 신비 새의 생태도감》, 가켄출판사, 1993년
《기획전 가이드 새의 형태와 생태 I -먹이와 부리-》, 아비코시조류 박물관, 1993년
《기획전 가이드 새의 형태와 생태 II -발의 기능-》, 아비코시조류 박물관, 1995년
《신판 일본 야생조류》, 가나우치 다쿠야·아베 나오야·우에다 히데오, 산과계곡사, 2014년
《비교하며 이해하는 야생조류》, 가나우치 다쿠야 사진·글, 산과계곡사, 2015년
《아름다운 벌새 도감 실물 크기로 보는 338종류》, Michael Fogden, Marianne Taylor, Sheri1 Williamson, 일본어판감수 고미야 데루유키, 그래픽사, 2015년
《Illustrated Checklist of the Birds of the World Vol.1 Non-passerines & Vol.2 Passerines》, Josep del Hoyo Nigel J.Collar, Lynx Edicions, 2016년
《바로 식별할 수 있어요 야생조류도감》, 고미야 데루유키 감수, 세이비도출판, 2021년

옮긴이 이진원

경희대학교 일어일문학과 졸업하고 현재 번역 에이전시 엔터스코리아 출판기획 및 일본어전문 번역가로 활동하고 있다. 주요 역서로는《모두를 위한 생물학 강의》,《최강왕 공룡 배틀》,《365일 앵무새 키우기》,《앵무새와 오래오래 행복하게 사는 법》,《도면이 친절한 리얼 종이접기(공룡과 고생물편)》,《생각하는 인간은 기억하지 않는다》,《최강왕 오싹한 요괴 대백과》,《정원수 가지치기》,《초강력! 세계 UMA 미확인 생물 대백과》,《어디에서 왔을까? 시리즈 전4권》등 다수가 있다.

새 먹이 도감
한눈에 알아보는 새의 몸 구조·식성·소화·사냥법·먹이 활동 탐조 가이드

1판 1쇄 펴낸 날 2025년 3월 10일

편저 POMP LAB.
감수 고미야 데루유키
옮긴이 이진원
주간 안채원
책임편집 장서진
편집 윤대호, 채선희, 윤성하
디자인 김수인, 이예은
마케팅 함정윤, 김희진

펴낸이 박윤태
펴낸곳 보누스
등록 2001년 8월 17일 제313-2002-179호
주소 서울시 마포구 동교로12안길 31 보누스 4층
전화 02-333-3114
팩스 02-3143-3254
이메일 bonus@bonusbook.co.kr
인스타그램 @bonusbook_publishing

ISBN 978-89-6494-730-2 03490

• 책값은 뒤표지에 있습니다.

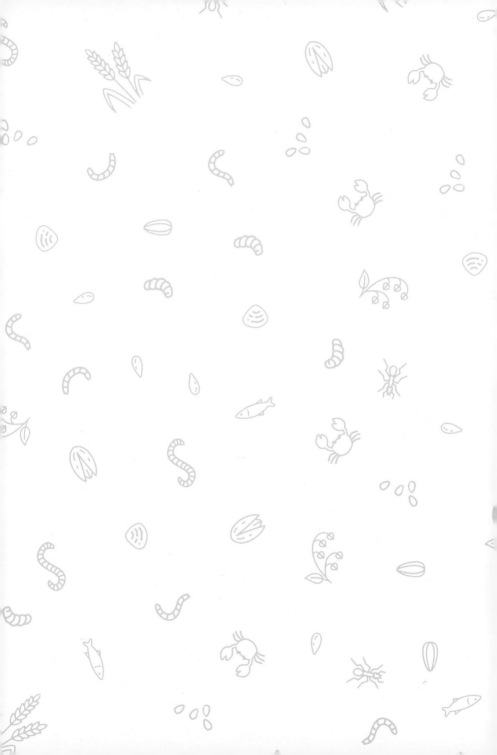

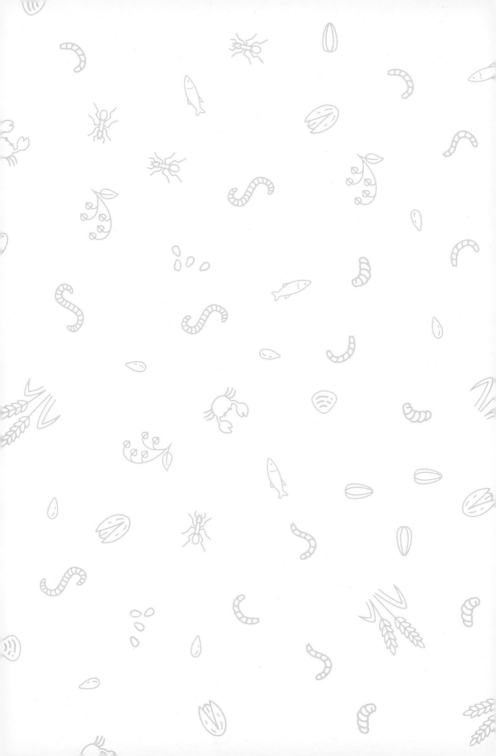